U0610370

衡水学院学术专著出版基金资助出版

河北省社会科学发展研究课题成果（20210602004）

衡水学院 2020 年度高层次人才项目（2020GC23）

废弃电器电子产品延伸责任分担与政策激励机制研究

郑艳玲　著

中国水利水电出版社

www.waterpub.com.cn

·北京·

内 容 提 要

本书通过论述废弃电器电子产品领域生产者责任延伸激励政策下产业链各利益相关方主体行为反应、承担的责任与承担模式，进一步研究了激励政策工具设计，构建了废弃产品回收处置决策模型，研究政策工具组合作用下各主体收益最大化行为选择机理与延伸责任承担问题。可为政府管理层面政策制定提供决策参考，为生产者等责任主体提供履责思路与依据。

本书可供高校相关学科教师和学生，以及相关研究机构和政府部门从事经济与环境规划，环境经济政策的制定、研究和管理者参阅。

图书在版编目（ＣＩＰ）数据

废弃电器电子产品延伸责任分担与政策激励机制研究/郑艳玲著. -- 北京：中国水利水电出版社，2021.11
ISBN 978-7-5226-0078-9

Ⅰ．①废… Ⅱ．①郑… Ⅲ．①日用电气器具－废弃物－回收处理－激励制度－研究－中国②电子产品－废弃物－回收处理－激励制度－研究－中国 Ⅳ．①F426.6②X76

中国版本图书馆CIP数据核字（2021）第212062号

策划编辑：韩 光　　　责任编辑：王开云　　　封面设计：李 佳

书　　名	废弃电器电子产品延伸责任分担与政策激励机制研究 FEIQI DIANQI DIANZI CHANPIN YANSHEN ZEREN FENDAN YU ZHENGCE JILI JIZHI YANJIU
作　　者	郑艳玲 著
出版发行	中国水利水电出版社 （北京市海淀区玉渊潭南路 1 号 D 座　100038） 网址：www.waterpub.com.cn E-mail: mchannel@263.net（万水） 　　　　sales@waterpub.com.cn 电话：（010）68367658（营销中心）、82562819（万水）
经　　售	全国各地新华书店和相关出版物销售网点
排　　版	北京万水电子信息有限公司
印　　刷	三河市华晨印务有限公司
规　　格	170mm×240mm　16 开本　10 印张　139 千字
版　　次	2021 年 11 月第 1 版　2021 年 11 月第 1 次印刷
定　　价	58.00 元

凡购买我社图书，如有缺页、倒页、脱页的，本社营销中心负责调换

前　　言

生产者责任延伸制度（extended producer responsibility，EPR）是以生产者为主要责任主体的涉及产品全生命周期的环境管理制度，产品生命周期内涉及生产者、销售者、消费者、寿命末期（end of life，EOL）产品回收处置者等多个主体，延伸责任理应由各主体共同参与合理分担。本书以 EPR 的相关理论为基础，基于产品生命周期内 EPR 政策激励在产业链上下游传导的理论探索，研究废弃电器电子产品领域 EPR 激励政策工具设计与延伸责任承担问题。作者系统探索了国内外废弃电器电子产品延伸责任承担与政策工具激励，总结提炼了国外 EPR 激励政策工具设计与延伸责任承担对我国的启示。从理论上分析了 EPR 激励政策下产业链上下游各利益相关方主体行为反应、应承担的责任内容与承担模式，并通过构建 EOL 产品回收处置决策模型，揭示了政策工具组合作用下各主体收益最大化行为选择机理。本书的意义在于，从政府管理层面，通过对 EPR 制度下各利益相关方的行为反应的研究，可为制定相应的激励政策工具，进一步完善废弃电器电子产品领域 EPR 制度建设提供决策依据；从生产者、消费者等利益相关方层面，通过对政策工具激励原理的分析，为各行为主体履行责任的方式提供具体的思路与决策依据。本书主要完成了以下六个方面的研究工作：

（1）梳理了 EPR 的相关研究文献。分别针对 EPR 的本质、责任分担、政策激励，以及废弃电器电子产品领域 EPR 制度的建设与实施情况进行了分析；界定了本书涉及的主要概念；阐述了与本书内容相关的理论。

（2）对德国、瑞士、日本和荷兰等国家的电子废弃物生产者责任延伸制度运行体系中的责任承担模式、利益相关者利益协调、政府的管制与激励制度建设等方面进行考察和对比分析，提出执行目标管理制度，推行生产者联合组织集体承担（collective producer responsibility，CPR）或生产者独立承担（individual producer responsibility，IPR）相结合的责任模式，采用市场化的运作方式，构建多主体参与的回收体系激励机制，完善生态化设计与无害化处置激励政策等，是国外发达国家废弃电子产品领域 EPR 政策设计与责任承担方面的成功经验，也是我国电子废弃物 EPR 制度建设中应汲取的经验与启示。

（3）系统阐述我国废弃电器电子产品领域 EPR 制度建设与延伸责任承担现状。对正在实施的基金制度运行情况进行考察和研究，重点就生产者延伸责任承担情况，销售者、消费者、政府等各责任主体的责任范畴与承担方式，电子废弃物回收网络建设与回收再利用情况等进行调研与考察，分析运作过程中产生的问题与困惑。解析 EPR 制度建设中强制生产者承担延伸责任的行政管制制度，涉及利益相关者利益协调关系的激励机制，废弃物回收与拆解处理过程中的运作机制与经济保障等制度设计中的缺陷与制约因素。指出我国废弃电器电子产品处理基金管理尚需进一步规范化，存在延伸责任承担不完全，消费者、销售者参与程度低等责任承担缺失与激励政策设计缺陷。

（4）结合我国目前的责任承担现状，参考发达国家电子废弃物回收处置经验，提出我国废弃电器电子产品可通过建立企业内部专用回收体系，企业外部公用回收体系，或外包给其他组织等三种方式来完成延伸责任。具体模式主要有生产者自主承担、回收业务外包，以及生产者与第三方联合承担等三种。

（5）深入解析 EPR 标准管制与经济激励政策工具，并就这些政策工具作用于各行为主体的激励原理，生产者、消费者等行为主体在不同政策工具下的责任分担与行为决策问题进行了研究。

（6）政策激励下责任分担模式决策模型研究。在进行了各政策工具激励作用的经济学原理分析的基础上，借助于产业链各行为主体的决策分析，构建包含 EPR 政策工具变量的决策函数模型，系统考察了在政策工具的约束与激励下，如何实现生产者的经济责任与产品的环保设计相联系，如何确保电子垃圾回收处理效果与环境影响相联系，以及产业链上各利益相关方的责任分担与权利、利益的明确划分等。研究发现，不同单位的回收（处置）成本或回收业务外包费用的大小决定了生产者回收模式的选择，而生产者回收模式的选择决定了延伸责任的分担。政策工具激励下，产业链上利益相关方的责任分担、权利与利益划分明确，废弃电器电子产品 EPR 运作体系兼顾了经济效益与环境效益。

与现有文献相比，本书创新点主要有以下三点：一是将消费者押金退款政策应用于废弃电器电子产品 EPR 政策，促进消费者在传统废弃物处置观念转变与 EPR 规制过渡阶段实现延伸责任承担；二是结合我国目前处理基金制度，提出标准管制政策、产品环境评估认证政策、物料回收认证政策，对 EOL 产品回收率、拆解质量、产品生态设计划出标准，提出奖惩措施；三是提出消费者效用函数、生态设计激励函数、回收激励函数、处置激励函数变量，构建逆向供应链下各参与主体在不同回收模式下的决策模型，分析了各主体的最优决策下的延伸责任分担。

作者

2021 年 6 月

目　录

前言

第一章　概述 1

　第一节　研究背景与问题提出 1

　第二节　文献综述 3

　　一、关于 EPR 本质的研究 3

　　二、关于 EPR 责任分担的研究 6

　　三、关于 EPR 政策激励的研究 8

　　四、关于电子废弃物 EPR 制度的实践 10

　　五、对既有研究成果的认识与评价 10

　第三节　研究目标与研究思路 11

　　一、研究目标 11

　　二、研究思路 12

　第四节　研究方法 14

　第五节　本书结构与内容 15

第二章　相关概念和理论基础 18

　第一节　相关概念 18

　　一、废弃电器电子产品 18

　　二、生产者延伸责任 21

　　三、生产者延伸责任主体 23

　　四、生产者责任组织 29

　　五、回收模式 29

　第二节　理论基础 30

　　一、外部性内部化理论 30

　　二、企业社会责任理论 31

　　三、利益相关者理论 32

　　四、产品生命周期理论 33

　　五、循环经济理论 33

　　六、环境规制理论 34

　第三节　本章小结 36

第三章　国外废弃电器电子产品 EPR 制度实践经验与启示 37

　第一节　国外废弃电器电子产品 EPR 制度实践经验 37

　　　　一、德国经验 ……………………………………………………… 37

　　　　二、瑞士经验 ……………………………………………………… 38

　　　　三、日本经验 ……………………………………………………… 41

　　　　四、荷兰经验 ……………………………………………………… 42

　　第二节　国外废弃电器电子产品 EPR 制度实践启示 ……………… 43

　　　　一、执行目标管理制度 …………………………………………… 43

　　　　二、推行 IPR 与 CPR 相结合的责任模式 ……………………… 44

　　　　三、采用市场化的运作方式 ……………………………………… 45

　　　　四、构建多主体参与的回收体系激励机制 ……………………… 46

　　　　五、完善生态化设计与无害化处置激励制度 …………………… 47

　　第三节　本章小结 …………………………………………………… 47

第四章　我国废弃电器电子产品责任承担与激励机制建设现状分析 …… 49

　　第一节　我国电器电子产品行业发展概况 ………………………… 49

　　第二节　我国废弃电器电子产品 EPR 制度建设与运行概况 ……… 51

　　　　一、EPR 制度建设与实施背景 ………………………………… 51

　　　　二、EPR 制度建设 ……………………………………………… 52

　　　　三、EPR 制度实施与运行 ……………………………………… 55

　　　　四、EPR 制度实施成效 ………………………………………… 58

　　第三节　我国废弃电器电子产品延伸责任承担情况分析 ………… 61

　　　　一、处理基金模式 ………………………………………………… 61

　　　　二、生产者自主承担责任模式 …………………………………… 62

　　　　三、生产者与第三方联合责任模式 ……………………………… 63

　　第四节　我国废弃电器电子产品 EPR 制度缺陷 ………………… 64

　　　　一、处理基金管理尚需进一步规范化 …………………………… 64

　　　　二、延伸责任承担不完全 ………………………………………… 65

　　　　三、消费者、销售者参与程度低 ………………………………… 66

　　第五节　本章小结 …………………………………………………… 67

第五章　我国废弃电器电子产品 EPR 政策工具研究 ……………………… 69

　　第一节　EPR 政策工具及激励机理分析 ………………………… 69

　　　　一、标准管制政策及激励原理 …………………………………… 69

　　　　二、补贴政策及激励原理 ………………………………………… 70

　　　　三、押金—退款政策及激励原理 ………………………………… 72

　　　　四、物料回收认证政策及激励原理 ……………………………… 74

　　第二节　我国废弃电器电子产品延伸责任激励政策工具设计 …… 75

　　　　一、标准管制政策 ………………………………………………… 75

二、产品环境评估认证政策 77

三、物料回收认证政策 79

四、激励补贴政策 80

五、押金—退款政策 81

第三节 政策工具对利益相关方主体行为的影响机理 82

一、生产者行为分析 82

二、消费者行为分析 85

三、回收处理者行为分析 87

第四节 本章小结 90

第六章 我国废弃电器电子产品延伸责任承担模式研究 92

第一节 生产者自主承担模式 92

一、零售商回收模式 94

二、生产者自主回收模式 94

第二节 回收业务外包模式 95

一、第三方专营承担模式 95

二、生产者责任组织回收模式 96

三、购置物料回收认证证书模式 97

第三节 生产者与第三方联合承担模式 98

第四节 本章小结 99

第七章 政策激励下责任分担决策模型研究 100

第一节 模型的描述与假设 100

第二节 激励政策工具函数设计 102

一、押金—退款政策下消费者效用函数 102

二、标准管制政策下回收激励函数 104

三、产品环境评估认证下设计激励函数 105

四、物料回收认证政策下处置激励函数 107

第三节 政策工具实施的适用条件分析 109

第四节 生产者自营模式决策模型分析 110

一、零售商回收模式决策模型 110

二、生产者自主回收模式决策模型 114

三、生产者自营模式决策与责任承担分析 115

第五节 回收业务外包模式决策模型分析 118

一、第三方回收模式决策模型 118

二、生产者责任组织回收模式决策模型 120

三、购置物料回收认证证书模式决策模型 121

四、回收业务外包模式决策与责任承担分析 123

第六节　生产者与第三方联合模式决策模型分析 125

一、生产者与第三方联合模式决策模型 125

二、生产者与第三方联合模式决策与责任承担分析 126

第七节　政策工具激励成效与责任分担情况分析 127

一、生产者决定延伸责任分担方式 128

二、押金—退款政策激励消费者、销售者责任承担 128

三、利益相关方权责利明确划分 129

四、EPR 运作体系经济效益与环境效益双赢 130

第八节　本章小结 130

第八章　结论与展望 132

第一节　结论 132

第二节　展望 136

参考文献 138

致谢 150

第一章　概述

第一节　研究背景与问题提出

18 世纪工业革命以来，人类改造自然的能力和水平得到了高度发展，在发展经济方面取得了辉煌的成就。经过一个多世纪的大规模生产，为了满足日益增长的世界人口的需求，一方面由于过度开采导致资源枯竭、环境破坏；另一方面产品消费后阶段废弃物大量产生。废弃的产品会产生长期的问题：例如，塑料、金属和其他合成材料由不可再生资源制成，不可生物降解；电子产品含有有毒成分，可能渗入并污染周围环境并渗入水源，为城市增加经济负担。20 世纪 70 年代以来，人类经历了关注废弃物的末端治理，重视企业的清洁生产，发展到环境影响源头预防与全过程管理。在此过程中，一系列政策的陆续出台都无法从根本上解决对废弃物填埋、焚烧所产生的新的环境与社会问题。伴随着环境问题的日益加剧，环境政策也在不断发展和创新，生产者责任延伸制度作为一项新的废弃物管理制度在此背景下得以诞生。EPR 旨在通过规定生产者在对其产品的生产、消费使用、废弃、回收再利用等整个生命周期各阶段内对环境的不利影响负责，以减少产品对环境的影响。

作为发展中国家，追求持续快速的经济增长与确保自然资源的长期可持续发展需要，以及满足日益重要的广大民众的良好生态需求是我国面临的最为紧迫的挑战之一。然而，长期以来"高投入、高消耗、高污染、低产出"的粗放式经济发展方式却导致我国同时面临严重的工业环境污染与社会转型过程中产生的大量的废弃物问题。

自 20 世纪 80 年代起,我国电器电子行业快速发展。2013 年以来彩色电视机、房间空调器、微型计算机、手机等主要电器电子产品年均产量都超过 1 亿台。城镇和农村居民家庭每百户各类电器电子产品拥有量,均随年份呈现上升趋势。电器电子产品大量生产、大量消费,也大量废弃。据中国家用电器研究院测算,2019 年《废弃电器电子产品处理目录(2014 年版)》内 14 类产品理论报废量达6.7 亿台。日趋严峻的电子废弃物污染与国际上针对废弃电器电子产品回收处理管理立法、倡导 EPR 制度形成技术性贸易壁垒的双重压力,加速了包括我国在内的发展中国家对废弃电器电子产品回收处理管理的立法。

我国于 2009 年正式公布《废弃电器电子产品回收处理管理条例》,并于 2010、2015 年先后发布《废弃电器电子产品处理目录(第一批)》《废弃电器电子产品处理目录(2014 年版)》(2015 年)、《〈废弃电器电子产品处理目录(2014 年版)〉释义》,实行了以政府基金制度为主体的生产者责任延伸制度。我国在电器电子产品生产者责任制方面已经初步形成了一个自上而下的,较为完善的管理机制。2014年工业和信息化部节能与综合利用司开展了"工业领域 EPR 制度试点实施方案及政策研究",研究制定了《电器电子产品 EPR 试点方案》。2015 年 6 月正式下发《关于组织开展电器电子产品 EPR 试点工作的通知》。2016 年 2 月,工业和信息化部、财政部、商务部、科学技术部开展生产者责任延伸试点工作,最终共有 17 个试点项目纳入第一批电器电子产品 EPR 试点名单,其中包括 15 家制造企业(其中 2家再制造企业),以及 2 家协会。

然而,处理基金模式下,生产者仅仅是根据产品类别缴纳同等标准的处置费用后再不用承担任何责任,单纯以经济责任代替废弃物回收处置的行为责任,直接导致了生产者在产品设计、提高回收率和废弃物无害化拆解处理等方面无法形成有效激励。在 EPR 规制政策下,生产者既要履行生态设计与废弃物回收处置责任,又要考虑成本的有效性,在生产经营中赢利。然而,现行制度中对于产品生态化设计与废弃物回收处置、资源再生利用之间没有达成有效激励，生产者的主体责任不明确，消费者、销售者与回收处置者责任分担与激励机制欠缺，相关问题越来越成为业界关注的焦点问题。对于政府而言，能否在规制、引导生产者等责任主体承担延伸责任过程中减轻生产者生存压力，获得推行 EPR 的积极性，增强正规处理企业与无环保成本的非法企业抗衡的能力，实现自身利益和环境效益最大化成为废弃电器电子产品 EPR 制度建设与实施的关键问题。

从我国目前的 EPR 制度建设来看，有两个问题值得关注：一是 EPR 制度的推行需要加强政府的规范和引导，政府在制度的内容设计过程中首先需要探索各责任主体的行为反应，参与约束与激励相容是规则策略的重要基础，政府与生产者均衡是规则策略持续有效的前提；二是在将延伸责任落实到生产者时，生产者将采取哪些承担模式，以何种方式将延伸责任传达至产品设计、流通、消费使用、废弃与回收利用等环节的责任主体，其各自的责任分担机制如何形成等。本书基于以上问题展开分析，对废弃电器电子产品领域 EPR 政策激励与各利益相关方责任分担机制进行研究，希望能够对政府相关政策制定与各责任主体的行为决策起到参考作用。

第二节　文献综述

一、关于 EPR 本质的研究

EPR 思想最早于 1975 年在瑞典一个关于废弃物循环利用议案中被提出。该议案中明确提出，基于对环境的保护与节约资源，生产者应当对产品生产过程中及产品使用废弃后产生的废弃物进行适当地处理，并建议在产品生产前就应当考虑如何处置这些废弃物。从以上表述可以看出，该议案中明确规定了瑞典在废弃物处置责任问题上，生产者应该在产品生产前就考虑产品在生产、消费，及使用废弃后可能产生的废弃物与环境影响，并能够以合适的方式处置，以确保资源节约，减少对环境的影响。尽管该法案及其在以后瑞典的其他官方文件中关于"生产者的责任"的关键词被多次提及，但在立法中并没有明确要求制造者对其产品消费后阶段废弃物的处置责任，直至 1987 年，瑞典的相关研究报告中又开始提到产品生产者的特殊角色。

而 EPR 概念则是瑞典环境经济学家托马斯·林赫斯特（Thomas Lindhqvist）于 1988 年在给瑞典环境署的报告中正式使用并提出的。Lindhqvist 指出："EPR 是一项环境保护战略"。EPR 制度的实施主要是为了规制生产者承担产品生命周期内的环境影响责任，特别是产品末端废弃物的回收再利用责任，以此降低产品对环境的不良影响。Lindhqvist 于 1995 年提出"EPR 是一项政策原则"，修正了"EPR 是一项环境保护战略"的说法。2000 年，Lindhqvist 在其博士论文中对 EPR 概念进行了修正，认为 EPR 制度是将生产者的责任延伸到产品整个生命周期的各个阶段，特别是产品回收、循环以及最终处置阶段，由此改进产品系统整个生命周期环境绩效的一种政策原则。Reijnders（2003）将生产者的环境责任由产品生产过程中的污染物环境影响延伸到产品使用废弃后的处理责任。

Wilt（1995）等人特别强调了生产者在产品生命周期各阶段的环境责任，包括产品周期前端原材料选取与产品设计，中间的生产过程，以及产品末端的使用废弃与处理利用等各阶段对环境造成的影响承担相应的法律与经济责任，由此激励生产者在产品设计的源头阶段就要考虑并预防产品在生产、使用与废弃过程中的环境影响。

经济合作与发展组织（Organization for Economic Co-operation and Development，OECD）对 EPR 的理解有一个探索的过程，1998 年界定 EPR，指出产品的制造者（进口商）应对产品生命周期内各环节，包括原材料选择、产品设计、产品生产，及产品消费使用与废弃利用等阶段所产生的影响负责任。这一定义将生产者责任明确划分为上游、中游责任与下游责任。2001 年 OECD 在其工作报告中将 EPR 界定为一项环境政策，指出"将生产者对产品所负有的责任，包括行为的和财务的，扩展到产品生命周期的消费后阶段的一种环境政策方法"，将 EPR 内涵进一步细化，明确上游责任是生产者具有为减少环境影响选择绿色生态化原材料、进行生态化产品设计责任，以及不能通过产品设计消除的环境影响的情况下产品中游阶段需要担负责任，下游责任则是产品废弃后的回收处理责任。

欧盟从立法上对 EPR 进行界定，指出生产者必须负责产品使用完毕后的回收、再生和处理的责任，这一界定突出强调了产品废弃后的处置责任由生产者承担。

Lifset，Lindhqvist（2008）在其论文中指出 EPR 作为政策工具的创建初衷是通过这一政策策略实现对环境友好性的产品设计提供持续性激励。他们的想法是，如果生产者负责最终的废弃产品的处置责任，基于成本最小、利益最大化原则，生产者会通过预测最终成本而优化其产品设计以尽量减少成本，获得最佳利益。他们认为，EPR 概念创建者的初衷在于实现 EPR 政策方案的动态性，生产者将按照不同情况而采取不同的行为措施，不需要政府的具体指示，生产者能够主动寻求最具创新性和成本效率的方式实现 EPR。

EPR 在语言表述上，除"生产者责任延伸"外，还有产品延伸责任、产品监护责任、产品和生产者责任延伸，以及产品政策等，这些概念都基本强调了生产者对废弃物所承担的责任，但是在内涵上仍有细微差别。

以美国为代表的研究派别在处置项目终止、停产产品问题时，突出强调了产品链条上的制造（进口）商、分销商与消费者等所有相关主体共同承担产品废弃后的环境责任，即采取"分享责任"模式。1996 年美国可持续发展总统委员会在《EPR 政策建议书》中指出："在延伸责任体系中，产品及废弃物的环境影响责任将由制造商、供应商、用户及废弃物处置单位共同承担。……识别产品链上最有能力降低产品环境影响责任的参与者作为承担延伸责任的责任主体，……可能是原材料的制造商，或者是最终用户或其他。"由此定义可以看出，美国的延伸责任是产业链条上利益相关方的分享责任，具体承担责任的主体除生产者外，还包括其他相关主体。与"延伸责任"侧重的以生产者为主要承担者的承担方式，主要以激励生产者在产品生命周期前端就开始考虑全生命周期内环境影响成本的这一制度设计相对应；"分享责任"在实践中规定了更加全面的责任主体，突出强调了各主体责任的分担问题，在具体实践中更加倾向于以责任主体自愿承担方式为主，这种责任模式相对缺乏对生产者责任的法律约束力，相对缺乏生产者在产品生态化设计与原材料绿色化选择的压力与动力。

总体上看，生产者责任延伸制度突破了传统生产者责任理论的"产品质量责任"与传统法学理论中"污染防治责任"的框架限制，以循环经济发展、建设节约型社会与环境保护为出发点，将产品生命周期内的产品设计、生产过程、产品销售直到产品末端等各阶段所要承担的责任有机地统一在一起。

以上各位学者从各自的角度对 EPR 进行的定义与内涵各有差异，有的学者强调产品废弃后的回收利用与处置责任；有的学者则认为生产者在承担废弃后产品的处置责任的同时，还应鼓励生产者在产品设计阶段就考虑其可能造成的环境影响，即将生产者的责任由产品中游的生产过程阶段，分别向其上游、下游延伸，要求生产者在产品生命周期内的产品设计、原材料选择、产品生产过程、产品环境信息披露，以及产品消费后废弃物的回收、利用与弃置等各个阶段中的环境影响承担责任。有学者认为，两种定义的差异只是形式上的，即使只要求生产者承担其废弃产品的回收处置责任，基于成本与利益考虑，生产者也必然有动力自觉选择环境友好的原材料、改进生产工艺，以减少产品的环境影响。

二、关于 EPR 责任分担的研究

在责任分担与回收模式方面，Jacobs（2012）等重点分析了供应商与制造商之间的回收责任分摊问题，同时强调正向供应链中各参与者均有回收责任。此外，刘慧慧（2013）等讨论了正规回收渠道和非正规回收渠道各自的回收处理途径和赢利模式等问题。

EPR 政策约束下，废弃物回收责任落实到生产者，还存在着如何承担的问题，即选择承担模式，学界就此问题展开讨论，主要提出了生产者自主回收、业务外包，及其他模式。Spicer（2004）等提出生产者可选生产者回收、联营回收和第三方回收模式，认为基于环境绩效考虑，生产者选择自主回收模式将是最优选择。Fleischmann（2003）等通过对 IBM 公司零部件回收案例进行实证分析的基础上，认为联营回收模式或许是最经济的。Lieb（1996）等则从社会分工和培育企业核心竞争力角度提出，第三方回收模式以专业化的物流和处理技术将日益流行。Lane 和 Watson（2012）则通过研究回收业务外包的决策问题，认为仅仅考虑因保持生产企业核心竞争力而做出回收业务外包决策的依据不够充分。Atasu（2012）等对集体责任模式和个人责任模式进行了对比分析，认为个人责任模式将更有利于激励生产者采取便于回收的产品设计。岳辉和陈宇（2004）认为企业在决定是否采用业务外包模式时，应综合考虑外包对本企业的战略重要性、企业资金技术设备能力、供应商管理能力，以及成本和效益等因素。徐剑（2006）等提出生产者在回收模式选择中应综合考虑经济、管理、技术等多个因素。赵秀堃（2015）等研究了 EPR 制度背景下的供应链系统中主体决策影响因素和治理机构的融合问题，构造了个体生产者责任（IPR）模式下的非合作博弈模型和集体生产者责任模式下的合作博弈模型，分别得出了个体生产者责任和集体生产者责任模式下企业污染治理技术的最佳决策。此外，Savaskan（2004）等从再制造的角度比较零售商回收、第三方回收和制造商回收三种模式下的回收策略；黄祖庆（2008）等研究第三方负责回收的再制造闭环供应链决策结构的效率与收益问题；黄宗盛（2013）等分析了制造商负责回收和零售商负责回收下的最优控制策略；Huang（2013）等比较零售商和第三方回收商的双渠道回收闭环供应链模型，认为双回收渠道优于单回收渠道。

三、关于 EPR 政策激励的研究

（一）EPR 制度对生产者行为影响的相关研究

EPR 制度的实施对生产者尤其是制造商的行为会产生重要影响。Baumol（1997）认为如果忽略产品设计对废弃物回收利用成本的影响，将会对循环再利用者施加外部性。为此，EPR 政策应该注重产品上游的产品设计阶段的激励，以降低末端处置成本。Tojo（2008）通过对日本和瑞典的 21 家企业的调研发现，EPR 政策规制有效激励了相关企业的产品设计改进，同时促进了企业对再生资源的循环利用问题。Forslind（2002）研究了 EPR 制度的实施，政府应提供何种程度的经济激励和财政支持，认为 EPR 制度产生了两类责任：消费者有责任交回废旧产品和生产者有责任进行废旧产品管理与处置，而 EPR 制度往往认为消费者在没有经济激励的情形下会履行他们的责任，导致 EPR 制度失效。钱勇（2004）从产业组织理论的角度分析了共用与专用产品回收体系下，EPR 政策对市场结构与企业行为的影响。

（二）EPR 制度机制设计的相关研究

如何设计科学与具有可操作性的 EPR 制度是学者们研究的核心。EPR 政策工具的有效性不仅体现在环境绩效方面，还体现在经济效益方面，应实现环境效益与经济效益的双赢。制度设计体现在多个方面，如 EPR 制度下回收模式的选择、激励机制的设计等。

在 EPR 激励政策设计方面，Calcott（2000）指出在循环再生利用市场失灵和可循环性不可观测的情况下，政策工具只能达到次优结果。Mitra（2008）等根据生产商和再制造商的博弈模型比较分析了政府给予生产商补贴、给予再制造商补贴、同时给予两者补贴三种情形下政府补贴对再制造活动的重要性。Aksen（2009）等通过对政府支持性补贴和立法性补贴模型的分析认为，在回收率和目标率相同的前提下，政府将对回收率提供更多的补贴。Lifset（2008）等认为个人责任模式

更能激励生产者改善产品设计，增加污染治理技术的投入。曹柬（2013）等考虑到制造商在责任承担过程中逆向选择和道德风险并存的问题，制造商与政府之间对于再制造率和努力程度是不对称的，设计政府对制造商的激励契约，讨论了 EPR 制度实施不同阶段中各类因素对政府期望收益的影响。吴怡（2008）等对 EPR 制度进行了基于主体—对象—过程模型（SOP 模型）的理论建构，并结合理论所揭示的该制度的本质特征，梳理了制度的系统激励要素，从制度适用性激励、责任推进性激励和实施策略性激励三个维度建立了 EPR 制度的激励机制模型。计国君（2012）等运用两阶段序贯决策博弈研究最优的回收水平、回收产品目录的分类、政府对处理行为的社会化监管与激励等问题。白少布（2011）等通过引入废弃物回收对产品销量，及设计改进对回收利润的影响因子，构建了 EPR 政策约束下制造商和零售商之间的闭环供应链委托代理契约模型，分析了制造商和零售商之间形成的激励契约可实现制造商和零售商双方利润最大化。

王玉燕（2012）从消费者环保意识角度分析了制造商延伸责任模式选择问题，认为当消费者环保意识较低时，对制造商有利；反之制造商选择外包模式更有利于废弃物回收。此外，马卫民（2013）等研究以旧换新补贴对具有不同等级产品闭环供应链的影响；Giovanni（2014）等研究了闭环供应链中的废旧产品外包策略问题；白少布（2012）等探讨制造商和零售商激励契约问题；王文宾（2011，2013）等分析政府奖惩机制下的制造商废旧产品回收决策问题，并比较了基于回收率与回收量的奖惩机制对产品回收的影响。黄位旺（2013）等考虑在面对上游 EPR 政策和下游的"庇古税"等环境规制约束下，制造商如何进行生态设计和生产决策，在此基础上运用生命周期评价方法求解社会福利最大时的最优政策组合水平。Coase（1960）、Demsetz（1964）、Dales（1968）和 Crocker（1966）等学者的研究证明，许可证交易方案是迄今为止以较低的监管成本达到管制环境的标准最优方案。Philipp Bohr 详细分析和讨论了几种（可交易的）材料回收证书的市场设计特点。Philipp Bohr（2007）等对奥地利使用材料回收认证证书回收制冷和冷冻设备的 EPR 方法进行了分析。

四、关于电子废弃物 EPR 制度的实践

欧盟于 2002 年 10 月通过《废弃的电器电子产品管理指令》（Waste Electrical and Electronic Equipment Directive，简称 WEEE 指令）（电子与电气设备废弃物指令）和《禁止在电器电子产品中使用有害物质的规定》（The Restriction of the use of Certain Hazardous Substances in Electrical and Electronic Equipment，简称 RoHS 指令）的建议。物质责任方面，WEEE 指令按照产品类别分别规定了生产者的回收标准，并要求在 2006 年之前达到；同时规定成员国内年人均废弃物回收量达到 4 千克。经济责任方面，WEEE 规定生产者均有承担自己产品废弃物的回收和无害化处置的经济责任。生产者可以采取个人承担模式，也可以采取集体承担模式。RoHS 条令规定了禁止使用的有害材料，如铅、水银、镉、六价铬和含聚溴联二苯的阻燃剂（PBB 和 PBDE）等，于 2006 年 7 月 1 日起执行。欧盟国成员中荷兰和瑞典分别于 1999 年、2001 年就开始执行了相关法规。丹麦在 1999 年 12 月制定了废弃电子产品法规，但是并未涉及生产者责任延伸制度。在亚洲，中国台湾省于 1998 年实施了针对电视机、空调、洗衣机和电冰箱等四类家用电器的回收法规。日本在 2001 年 4 月实施的《指定家用电器回收法》也主要包括以上四类产品。韩国也针对电子产品专门构建了保证进退还的结构体系。

五、对既有研究成果的认识与评价

从既有文献来看，虽然学界对于 EPR 的概念内涵、生产者所要承担的延伸责任范围等方面还存在分歧，但是对于 EPR 制度实施的最终目标与本质特征已基本达成共识，EPR 制度的根本目的在于通过让生产者承担延伸责任，特别是废弃物处置责任，使得产品环境影响成本内部化，激励生产者采取生态化产品设计，在产品生产源头起到环境防控作用；EPR 本质上是一项针对产品环境管理的政策原

则。现有研究为本书 EPR 政策机制设计与责任分担研究提供了重要的理论基础。有关 EPR 本质的研究，从不同角度揭示了 EPR 制度的实施条件与运行机理；有关政策工具的机制设计及其对各责任主体的影响分析，为本书 EPR 政策规制下责任分担机制的研究提供了重要理论启示和研究线索；有关国内外废弃电器电子产品 EPR 制度建设与实践的研究，为本书探索我国废弃电器电子产品领域 EPR 制度建设与实践中的问题揭示与解决思路的分析提供了良好借鉴。

总体上，现有研究对于 EPR 政策设计与责任承担方面问题的探讨已取得了较为丰富的成果，但仍有深入探索和研究的空间。特别是在 EPR 规制与激励政策设计方面，如何有效地实现产品上游的生态化设计与下游的回收利用效率相结合，再生资源回收利用与环保处理有效结合，以及政策激励作用如何有效地实现延伸责任的科学合理分担等方面的研究还存在着明显不足。现有研究多从生产者的视角，探讨不同政策工具下对生产者责任承担的激励与约束效应；然而，EPR 政策的根本目的在于规制产品整个生命周期内的环境影响，对涉及产品生命周期内各环节责任主体的责任规则与责任分担，缺乏相应的激励与协调机制。正是基于这样的一种认识，试图在现有研究的基础上对上述问题进行理论探索，这是本书研究的基本逻辑与主要内容。

第三节　研究目标与研究思路

一、研究目标

（一）考察国外废弃电器电子产品 EPR 激励政策工具与责任承担模式对我国的启示

废弃电器电子产品 EPR 制度在发达国家获得了较好的实施，取得了丰富的经验。分析比较德国、日本、瑞士等国 EPR 制度关于利益相关者利益协调、政府管制与激励政策建设情况，以及各延伸责任承担方式的特点、优势与不足等。结合我国 EPR 政策工具与责任承担模式中的不足提出可供借鉴的经验与启示。

（二）研究 EPR 激励政策工具下各利益相关者责任承担模式

结合国外经验启示与我国废弃电器电子产品 EPR 制度建设与实践，本书提出我国电子废弃物 EPR 激励政策工具设计与责任承担模式，在外部性内部化理论、利益相关者理论、产品生命周期理论，以及环境规制理论等理论的指导下，分析 EPR 政策工具约束与激励下各利益相关者的行为反应、生产者可采取的承担延伸责任的模式及其他主体承担的责任内容与方式。

（三）提出并验证 EPR 激励政策工具的有效性

产品生命周期各环节责任主体，基于个体理性特征与利益目标的不一致导致其相互之间既有竞争，又有合作；竞争性的存在将导致不同的责任主体偏好选择不同，EOL 产品回收处置模式不同，合作性的存在又导致在不同的回收处置模式下通过责任分担实现 EPR 责任。鉴于此，参鉴现有研究中关于逆向物流回收模式选择的决策模型，增设消费者效用函数、生态设计激励函数、回收激励函数、处置激励函数变量，构建逆向供应链下各参与主体在不同回收模式下的决策模型，考察政策工具如何在市场机制下实现对各责任主体的激励，及各自最优决策下的延伸责任分担。

二、研究思路

为实现上述研究目标，本书基于我国废弃电器电子产品的资源环境问题与 EPR 制建设与运行中的缺陷，提出我国废弃电器电子产品延伸责任分担与政策激励机制研究主题。通过对本书研究涉及的基本概念、理论基础等进行阐述后，明确界定了本书的范围边界与论述依据和基础。考察国外电子废弃物 EPR 制度建设与实施，为我国 EPR 政策工具设计和运行提供了正反两面的经验与借鉴。基于我国废弃电器电子产品 EPR 制度建设与运行的调研发现，制度建设中处理基金制度管理有待提高，延伸责任主体承担不完全，协调激励各利益相关者主动承担责任的政策设计不完善。基于此，结合我国目前的责任承担现状，本书提出了生产者自主承担、业务外包、生产者与第三方联合承担等责任模式。为确保各责任模式的顺利实施，分析各类政策工具激励原理及其对利益相关方主体行为的影响机理，探索激励政策工具如何实现在产业链上各责任主体间的顺利传导。在理论分析的基础上，结合我国目前废弃电器电子产品回收领域正规回收难，产品设计源头激励不足，废弃物无害处置难监管的实际问题，提出标准管制、产品环境评估认证、物料回收认证、生态设计、押金退款等政策工具，并将其设计为政策函数变量纳入逆向供应链下各参与主体在不同回收模式下的决策模型，分析各主体的最优决策下的延伸责任分担。研究思路结构如图 1-1 所示。

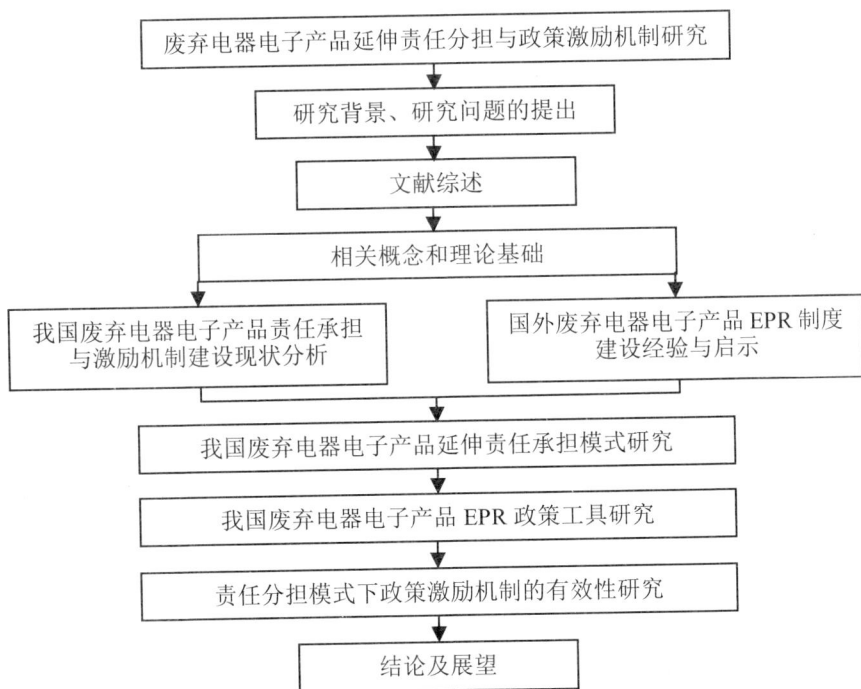

图 1-1　研究思路结构

第四节　研究方法

本书采用定量分析与定性研究相结合的方法，对国内外 WEEE 领域 EPR 激励政策工具设计与责任承担经验与借鉴、EPR 政策激励下生产者对废弃物回收处置模式的选择类别、选择激励，各利益相关者的行为反应，分担模式下政策工具激励的有效性等进行研究，主要采用文献研究、比较研究、数理逻辑分析三种方法。

（一）文献研究

研究中首先通过大量的文献检索，对国内外 EPR 制度建设与实施的实践与研究成果进行综述与回归，厘清研究中涉及的基本概念，对研究中的基础理论依据进行论述。通过对现有研究成果的总结归纳与评述，初步确定了本书的研究目标与基本思路。

（二）比较研究

在 EPR 制度建设与实施问题的研究方面，通过我国与外国、历史与现实的比较，可以分析双方的共有问题，或者基于我国国情特有的问题，从而有针对性地解决，推动 EPR 制度建设与电子废弃物管理进程。由于每个国家的经济、社会与文化各不相同，因此在废弃电器电子产品 EPR 制度建设与具体运行模式上也有着很大的区别，反映到各国 EPR 制度的形式、保障机制乃至运行模式也不尽相同。本书选择德国、瑞士、日本和荷兰等四国的电子废弃物生产者责任延伸制度建设与实践模式作为国别比较对象，综合分析运作体系中的政策法规制定、处理基金运作与各利益相关者责任范畴与关系协调等内容，比较各类模式特征与优缺点，借鉴他们的成功经验，认识存在的问题和不足。笔者之所以选取上述国家作为比较对象，一是考虑到这些国家在电子废弃物 EPR 建设与实施方面拥有成熟的经验，二是这四个国家的制度运作体系具有一定的典型性、代表性，其制度建设与运作模式均可对我国废弃电器电子产品 EPR 制度的建设与运行提供有价值的参考。

（三）数理逻辑分析

从收益决策出发，构建包含 EPR 政策工具变量的不同类别回收模式下的生产者决策函数模型，通过数理逻辑分析，系统考察政策工具的激励作用下各责任主体的最优收益及行为决策，分析生产者的责任承担模式选择的思路与途径。

第五节　本书结构与内容

EPR 政策的根本目的在于延伸生产者对其产品生命周期下游阶段的回收处置责任，激励上游的产品设计决策的改变。然而，究竟哪些政策工具能够起到有效的激励作用，这种激励作用如何实现于 EPR 各行为主体的，各主体间的责任分担与行为决策做出了哪些改变等，均为本书的研究重点。在进行了各政策工具激励作用的经济学原理分析的基础上，借助于产业链各行为主体的决策分析，构建包含 EPR 政策工具变量的决策函数模型，系统研究政策工具的激励作用如何实现在产业链上传导，如何成为各责任主体决策的外部条件，进而影响其不同经济行为的成本和收益，造成对回收再利用企业的废弃物处置决策、消费者的消费决策、生产者的生产决策和设计决策等所带来的改变，以及这些决策的改变对延伸责任的分担。

本书拟在借鉴国外电子废弃物回收处置责任承担机制与制度建设经验的基础上，结合国内废弃电器电子产品回收模式与责任承担机制和 EPR 管制与激励制度建设情况，提出改进的政府规制政策；在此基础上，拟借助需求函数、收益函数、回收函数等构建数学模型，对政策激励下现实中三种典型的回收处置责任承担模式进行刻画，对不同的责任承担模式下各主体收益进行比较分析，并进一步归纳出政府引导 WEEE 责任分担模式与激励制度建设中的对策建议。具体内容如下：

第一章，概述。首先通过大量的文献检索，对国内外 EPR 制度建设与实施的实践与研究成果进行综述与回归，初步确定了本书的研究目标与基本思路。

第二章，相关概念和理论基础。厘清本书中涉及的基本概念，对本书中的基础理论依据进行论述。

第三章，国外废弃电器电子产品 EPR 制度实践经验与启示。以德国、瑞士、日本和荷兰为例，考察国外电子废弃物生产者责任延伸制度运行体系中的责任承担模式、利益相关者利益协调与政府的管制与激励制度建设情况。通过分析比较不同延伸责任承担方式（集体承担或独立承担模式）和竞争程度（协作或竞争模式）下各种电子废弃物回收处理模式的特点、优势和不足，来借鉴他国已有的经验和教训，为建立我国电子废弃物回收处理责任承担模式与激励制度提供决策支持。

第四章，我国废弃电器电子产品责任承担与激励机制建设现状分析。系统阐述我国废弃电器电子产品 EPR 制度建设与运行概况。通过对正在实施的基金制度运行情况进行调研和研究，重点就生产者延伸责任承担情况，销售者、消费者、政府等各责任主体的责任范畴与承担方式，电子废弃物回收网络建设与回收再利用情况等进行调研与考察，分析运作过程中产生的问题与困惑。解析 EPR 制度建设中强制生产者承担延伸责任的行政管制制度，涉及利益相关者利益协调关系的激励机制，废弃物回收与拆解处理过程中的运作机制与经济保障机制等制度设计中的缺陷与制约因素。

第五章，我国废弃电器电子产品 EPR 政策工具研究。深入解析 EPR 标准管制与经济激励政策工具，并就这些政策工具作用于各行为主体的经济学原理进行分析。对生产者、消费者等行为主体在不同政策工具下的责任分担与行为决策问题进行了研究。结合我国目前废弃电器电子产品回收领域正规回收难，产品设计源头激励不足，废弃物无害处置难监管的实际问题，提出标准管制、产品环境评估认证、物料回收认证、生态设计、押金退款等政策工具。

第六章，我国废弃电器电子产品延伸责任承担模式研究。我国废弃电器电子产品延伸责任承担模式主要有生产者自主承担模式、回收业务外包模式，以及生产者与第三方联承担模式等三种模式。本书提出基于物料回收认证证书市场流通下，生产者可采取购置物料回收认证证书完成延伸责任。对三种回收模式进行了特征分析，研究发现各种模式都有其优势和劣势，生产者应基于其自身条件进行选择。

第七章，政策激励下责任分担决策模型研究。参鉴现有研究中关于逆向物流回收模式选择的决策模型，增设消费者效用函数、生态设计激励函数、回收激励函数、处置激励函数变量，构建逆向供应链下各参与主体在不同回收模式下的决策模型，分析各主体的最优决策下的延伸责任分担。

第八章，结论与展望。本书基于国内外废弃电器电子产品延伸责任承担与政策工具激励的系统分析，总结提炼了国外 EPR 激励政策工具设计与延伸责任承担对我国的启示。从理论上分析了 EPR 激励政策下产业链上下游各利益相关方主体行为反应、应承担的责任内容与承担模式；提出了产品环境评估认证与等级财政优惠政策、物料回收认证及证书交易等政策工具应用于废弃电器电子产品 EPR 制度建设，试图解决生产者经济责任与产品的环保设计相联系，电子垃圾回收处理效果与环境影响相联系的行为激励问题；设计了政策工具的函数变量，并将其融入生产者等利益相关者的决策模型进行分析；揭示了不同责任分担模式下，产业链上各利益相关方的责任分担与权利、利益划分等问题。

第二章 相关概念和理论基础

第一节 相关概念

一、废弃电器电子产品

关于"废弃电器电子产品"概念的内涵，我国国家标准化管理委员会于 2013 年 10 月公布了明确定义："拥有者不再使用且已经丢弃或放弃的电器电子产品［包括构成其产品的所有零（部）件、元（器）件等］，以及在生产、流通和使用过程中产生的不合格产品和报废产品。"由此可以看出，废弃物包括丧失使用功能或被淘汰的电器电子产品本身及其零配件，既包括产品生产后流入市场的成品，也包括生产过程中报废的产品及其零配件。废弃电器电子产品具有如下特征。

（一）数量呈现快速增长

伴随着人们生活水平的提高，物质产品日益丰富，特别是电器电子产品的普及率日益提高，更新换代频率日益增快。欧盟于 2000 年发表的有关电器电子废弃物的报告指出，电子废弃物每 5 年以 16%～28%的速度增长，比社会总废物的增长速度快 3 倍。改革开放以来，我国电器电子产品制造业实现了持续快速发展，目前我国不仅是全球最大的电器电子产品生产基地，同时也是电器电子产品的消费与废弃大国。据中国家用电器研究院发布的《中国废弃电器电子产品回收处理及综合利用行业白皮书 2018》显示，2018 年我国电视机、电冰箱、洗衣机、房间空调器和微型计算机等 5 类电器理论报废量共计 1.5 亿台。此外，各类电器电子产品城镇、农村居民保有量一直处于上升趋势，2018 年居民手机保有量 11 亿台、微型计算机 5.8 亿台、彩色电视机 5.4 亿台、热水器 3.7 亿台等，每年还有大量的手机、吸排油烟机、热水器、传真机、复印机等电子产品报废淘汰。

欧盟有关电子废弃物处理的指令于 2000 年得以通过，主要包括《WEEE 指令》（2002/96/EC）和《RoHS 指令》（2011/65/EU）。其中，《WEEE 指令》按照欧盟第 75/442/EEC 号指令第一条（a）款对废弃电子或电气设备范围进行了界定。各成员国在具体实施的时候通常会根据欧盟的框架定义再建立详细的产品目录。

为有效解决我国大量废弃电器电子产品对环境潜在的巨大危害，保护人体健康，国务院于 2010 年制定发布《废弃电器电子产品处理目录（第一批）》（2010年），确定了电视机、电冰箱、洗衣机、房间空调器、微型计算机等"四机一脑"纳入首批废弃产品处理目录。2015 年 2 月发布第二批废弃电器电子产品处理目录，将目录范围由 5 类产品扩大至 14 类产品，新增产品范围主要包括吸油烟机、电热水器、燃气热水器、打印机、复印机、传真机、监视器、手机和电话单机，并明确规定于 2016 年 3 月 1 日起替代第一批目录。

（二）内含有毒物质对环境潜在危害大

通常废弃电器电子产品含有汞、镉、铅、六价铬等重金属，以及多溴联苯（polybrominated biphenyls，PBB）、多溴二苯醚（polybrominated diphenyl ether，PBDE）等溴化阻燃剂；废旧电视机显像管和计算机显示器是易爆炸的废物；彩管玻璃、印刷线路板、电池中都含有有毒物质；计算机中含有 700 多种化学原料，其中 50% 对人体有害。废弃物中含有的塑料、金属、电子元件等是不可生物降解的，通常含有有毒物质，这些有毒物质可能渗入环境，集中在土壤中，并进入地下水源，造成土壤污染、地下水污染，将对人类健康构成极大威胁。美国的相关研究表明，垃圾填埋场渗沥液中有 50% ～ 80% 的重金属来自电子废弃物，泥土中发现的重金属 70% 来源于电子废弃物。

除此之外，电子垃圾在废物运输和焚烧过程中，将产生温室气体（Greenhouse

gases，GHG）排放，当其被不恰当地拆解或焚烧时，会危害人类健康（Dlamini et al.，2011；Foolmaun & Ramjeeawon，2013），导致填埋用地流失（Hopewell et al.，2009），破坏自然栖息地，从而造成生物多样性的丧失（Cierjacks et al.，2012；Barnes et al.，2009；Teuten et al.，2009）。

（三）内含的再生资源回收价值高

虽然电子废弃物中含有大量的有毒有害物质，但是其含有的铜、铝和黄金等贵重材料（Ongondo，Williams & Cherrett，2011）具有巨大的回收效益。这些资源虽然不能直接回收利用，但是可以作为原始材料的材料来生产更多的产品，这将节省大量的不可再生资源（United States Environmental Protection Agency，2011；Neelis et al.，2008；Roes et al.，2007；Pietrini et al.，2007）。比如1000kg电子板在拆解处理后，可以分离出金属铜130kg，黄金0.45kg、锡20kg等。据统计，目前全球稀有金属的大部分被用于制造电子产品，其中80%的铟用于液晶显示屏制造，80%的钌被用于硬盘制造，而50%的锑用于生产阻燃剂。

但是，并非所有的材料都可以回收再生利用，譬如，电子垃圾中的塑料一般不会被回收利用，因为它可能含有阻燃剂等有毒物质，而且与电子元件中的有毒物质接触会对新产品产生安全隐患，所以回收利用在经济上并不有利（Nakajima & Vanderburg，2005；Mansfield，2013）。

（四）构成复杂拆解处置难

目前的电子产品种类繁多，不同品牌的产品设计各异，制作结构日趋复杂和精细，制造材料也多种多样。如此一来，造成电子废弃物回收以后，在处置过程中不能被简单地拆解，可用资源的回收通过传统的粗放加工的方法一方面不能完全提取相应的资源，另一方面也容易造成环境的二次污染与破坏。为此，要提高再生资源的较高回收率与环境的无害化，需要专门的设备和技术的支持。

二、生产者延伸责任

（一）生产者延伸责任概念内涵

生产者延伸责任作为一项环境政策，旨在通过规定以生产者为主要责任主体的责任者对产品在整个生命周期造成的环境影响负责，特别是通过产品消费后的回收、处置与循环再利用等来减少产品对环境的影响。

基于各个国家和组织不同的环境与实践背景，生产者延伸责任制度的理论内涵与范畴历经长期的争论和思辨，在用语表述、研究范畴与实践范围等方面也不尽相同。在用语表述上，"生产者延伸责任"又被称为"生产者后责任""产品监护责任"与"产品延伸责任"等，结合其理论内涵主要形成了两种代表性主张：一是以欧盟为代表的以生产者为主要责任主体的"生产者延伸责任"，二是以美国为代表的以产品链条各环节所产生的环境影响由政府、消费者和生产者共同承担，而不仅限于废弃阶段，如此可能导致生产者失去对产品设计和原材料选择的压力和动力，无法从源头解决问题。因此，相对来讲，欧盟的"生产者延伸责任"被更多的国家所接受。在生产者的"延伸范围"方面，各国法规中也有不同的体现，有的认为责任应只限于产品周期的下游，即产品废弃后的回收处置阶段；而有的则认为这种延伸责任应双向延伸至产品的上游和下游阶段。不同定义之间的区别见表 2-1。

表 2-1　生产者延伸责任概念的不同定义

概念角度	生产者责任	产品责任
代表地区	欧盟及多数成员国	美国、加拿大等国家
"延伸"的涵义	延伸主体责任范围	在"延伸"基础上的共同承担
"生产者"范围	制造商和进口商	制造商、进口商、分销商、消费者及处置者
主张的模式	政府强制实施	相关主体协商达成自愿性协议
利弊分析	具有法律约束力，管理费用高	缺乏实施的法律保障，企业自愿参与，交易成本低

笔者认为"生产者延伸责任"的概念表述更能体现制度设计初衷。生产者延伸责任是指以生产者为主的销售者、消费者、政府等责任主体对产品生命周期内各个阶段的环境影响承担责任，具体包括产品上游的绿色原材料选择与生态化设计责任，中游的产品清洁生产与产品环境信息披露责任，以及下游的产品消费后废弃物的回收、循环利用与最终处置责任等。

（二）生产者延伸责任类型

Lindhqvist 将生产者的延伸责任划分为产品责任、经济责任、物质责任、信息责任、所有权责任等五种基本类型，如图 2-1 所示。OECD 在《政府实施 EPR 的指导手册》中对生产者延伸责任制度责任类型与内容的界定基本沿用了这五种类型，并突出强调了生产者的物质责任和经济责任。这五种责任具体如下：

产品责任，指生产者对产品本身，由于产品生产原材料成分或产品质量问题等原因造成的环境或安全损害承担责任，该责任不仅仅存在于产品使用阶段，还存在于产品消费废弃后，甚至存在产品生产过程或产品生命周期的任何阶段，具体责任的承担范围则有相应立法确定。

经济责任，指生产者支付的用于产品废弃后的收集、分类、拆解与处置费用的全部或部分费用，这些费用可以以直接支付的方式，也可以通过税收的方式承担。

物质责任，指生产者负有对产品消费使用后废弃物进行的直接或间接的处置与管理责任，具体包括废弃物的收集、分类、拆解与循环利用，以及无害化处置等责任。

信息责任，指生产者在其产品的生命周期的各个阶段有责任提供包括产品生产过程中，及其产品本身可能带来的环境影响信息，如产品所使用的原料与物质成分，产品所包含的有毒物质披露清单，产品的能源信息、环保标志等，以确保产品废弃后的回收处理。

所有权责任，指生产者在其产品的整个生命周期内保留对产品的所有权，产品的出售仅仅是产品使用权的出售，生产者对产品的环境影响承担责任。

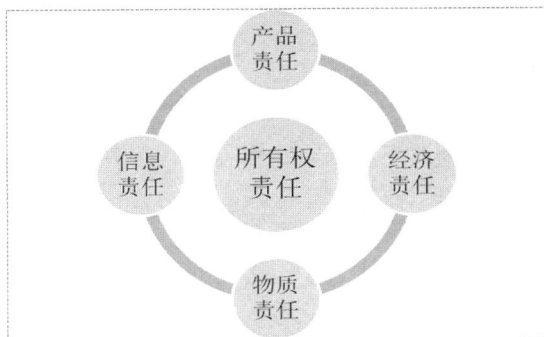

图 2-1　生产者延伸责任制度生产者责任类型

三、生产者延伸责任主体

（一）生产者

关于延伸责任主体的界定，按照世界各国的实践来看，其主体界定不尽相同。其中，德国实行以生产者为主要的延伸责任承担主体的责任模式，也就是说，生产者是延伸责任的唯一责任主体，延伸责任与销售者、制造者、进口者等无关。美国则采用"分担责任"制度，即生产者、消费者、销售者等均应承担相应的延伸责任。而多数国家实行的是以生产者为主体的，包括销售者、消费者，以及政府等在内的多主体共同承担的责任模式。

笔者认为，按照 EPR 概念内涵，生产者延伸责任是指以生产者为核心主体，销售者、消费者、政府等责任主体共同承担的责任。产品从生产、销售、消费使用、回收处置与二次资源再利用等产品的整个生命周期各个阶段，各个责任主体均有不同程度的参与，产品在每个阶段中所产生的环境影响特征与方式不同，各责任主体所需承担的环境责任也各不相同。生产者负责产品生产，在产品生产过程中首先需要进行产品的设计决策，确定使用的原材料、产品结构设计、生产工艺等，是否采用绿色原材料，产品中是否包含有害物质，有害物质含量的决定，以及生产工艺过程中是否产生及产生多少废气、固废产出等都是产品设计阶段确定的，产品的生产过程中是否具备相关的废物处理设施等都决定了是否具有环境影响。产品销售过程中，销售者出于对环境与消费者人身安全考虑，有义务对购买产品的消费者宣介产品的环境信息，便于消费者自主选择。消费者使用产品达报废期后，有义务将废弃物返还至废弃物回收网点，由生产者或专业回收处理企业对废弃物进行拆解处置并完成资源的二次利用。在此期间，废弃物是否全部得到回收，回收后的处理是否真正达到了无害化处置，处置后的资源是否切实得到循环利用等。产品全生命周期中，生产者对产品的环境影响是具有决定作用的，所以延伸责任理应由生产者主要承担。销售者、消费者、回收处理者对产品的环境影响都起到不同程度的作用，理应承担相应责任。另外，生产者责任延伸制度的顺利实施，也离不开政府在制度立法、配套制度保障等方面提供的宏观调控与监管。

生产者作为延伸责任的主要承担主体，主要基于以下分析。

1. 从交易费用的角度分析

一直以来，产品消费后产生的废弃物处置问题均由政府来买单。EPR 制度之所以要求生产者来承担废弃物处置责任并不仅仅是因为生产者是产品的制造者就要对废弃物处置负责。关于废弃产品处置责任的初始产权配置问题，Sachs（2006）等指出，应由产品生命周期的各参与主体的交易费用决定。为此，生产者责任延伸制度所要求的生产者来承担产品环境外部性责任（"产品环境外部性"是相对于"生产过程的外部性"概念而言）是由交易费用所决定的。从经济效率的角度来看，将哪个责任主体作为延伸责任的主要承担者，应该以产品链上能够以最低成本避免"产品环境外部性"为原则来选择。由产品的生命周期阶段来看，产品的潜在环境影响一般在原材料选择与产品设计阶段就已经注定，因此生产者作为产品的设计者、制造者能够在产品生产的源头有效防控环境影响程度，最大限度降低废弃物处置成本问题，同时有效降低环境监管成本。

2. 从社会责任和公平责任的角度分析

生产者是工业化大生产的基本践行单位，是现代经济发展的推动者，生产者的生产运作方式与理念决定了经济整体发展模式及其对资源、环境的影响。在经济发展的初期阶段，为满足公众日益增长的物质产品需求，生产者基于自身利益的最大化，资源、能源被大量开采、低效地消耗，粗放式的经济发展方式很快造成了资源的短缺与环境的污染。从社会责任和公平责任的角度来看，生产者责无旁贷地应该担当起产品的延伸责任，履行其环境保护的义务。而且，EPR 制度所规定的生产者所要承担的，譬如产品设计、生产过程、信息披露，以及回收利用与处置等产品生命周期内的环境影响责任；实质上生产者作为产品的制造者，在其产品在原材料选择与产品设计等源头阶段拥有自主决策权，生产者对废弃产品处置等延伸责任的承担，使其有动力在此阶段采取对其有利的，能够实现利润最大化的决策，从而实现废弃物最大程度的循环再生性利用与无害化处置。

3. 从生产者延伸责任制实施效果角度分析

生产者延伸责任制度的产生即是为了解决废弃产品的环境污染问题，其宗旨是实现减少废弃物的产生与废弃物的无害化处置。有学者认为，之所以将生产者作为废弃物回收的责任主体，主要基于以下几方面理由。

（1）生产者作为产品设计者与制造者，对于产品的材料构成、产品结构设计等方面是最了解的。因而，从知识成本的角度来看，由生产者负责对废弃产品进行拆解、循环利用与无害化处置，所耗费的成本与其他主体相比，应该是最少的，有利于社会成本的最小化。

（2）生产者不仅仅对其生产的产品的废弃物处置具有知识成本上的优势，在技术上同样更具优势。生产者可以通过生产流程的逆向操作实现对产品的拆解，并对其部分零部件实现二次利用。

（3）生产者延伸责任本质上是基于要求生产者承担废弃物的处置责任，从节约成本方面反向激励生产者采取生态设计决策，从产品设计阶段就考虑到后期的产品生产及其废弃物处置的成本问题，从而采取生态化设计，从产品生产的源头阶段就减少产品对环境造成污染的可能性。

（4）由生产者承担废弃物的回收与处置责任有利于实现废弃物的资源化再生利用。生产者对废弃物实现回收与拆解后，部分可利用资源经处理后可直接进入生产环节，部分无法再利用的材料可转交专业单位处理。

（5）消费者是废弃物的直接产生者，但是消费者是一个相对广泛而分散的群体，由消费者直接承担废弃物处置责任，不便于政府的统一管理，由此产生的成本将是巨大的。相对来讲，由生产者承担延伸责任，政府对其进行直接管理，生产者通过责任追加、成本追加的方式追溯消费者的责任，使得废弃物回收处置的外部成本内化为企业内部成本得以实现。

生产者承担的延伸责任内容如下：

（1）源头预防责任。源头预防责任指生产者应当承担的在产品生命周期的源头上预防可能出现的环境影响责任。譬如，在原材料选择上，尽量选择易降解、能耗少，且含毒少的绿色原材料；将环境因素纳入产品设计之中，将产品潜在的环境影响降至最低。

（2）清洁生产责任。清洁生产责任指生产者理应承担的，在产品生产过程中，尽量采用先进的生产技术和工艺，选择较清洁的能源，提高能源使用效率，以减少对环境污染的责任。

（3）产品信息披露责任。产品信息披露责任指生产者应当承担的向社会提供的产品环境危害警示与废弃后回收、处置与再生利用信息标注等责任。比如，产品中隐含的对环境和人体有害的物质成分、产品废弃后可能对环境造成的危害，以及废弃产品再生利用方式等。

（4）回收处置责任。回收处置责任指生产者负有对其产品废弃后废弃物的回收处理与再利用责任。如，产品废弃后承担回收责任，针对能够循环利用的产品，进行拆解与再生性利用，针对无法再利用的产品进行无害化处置。

（二）销售者

销售者是连接生产者和消费者的中介和桥梁。产品经生产者生产出来以后，经由销售者转移至消费者处使用和消费。在此过程中，销售者拥有选择哪些品类产品进行销售的权利，销售者是否以选择绿色、节能环保类型的产品销售作为产品选购的总体原则，对于生产者来讲具有重要的激励与引导作用，同时对于消费者而言，同样具有一定的引导作用。销售者销售过程中对于产品的介绍与宣传，也是有效推进绿色产品销售、消费和生产的重要环节。为此销售者在延伸责任中主要承担以下责任内容：

（1）合理采购责任。合理采购责任指销售者作为产品生产者与消费者的中介，应当尽量选择绿色、节能与环保型产品进行销售，从而激励生产者对环保型产品的生产，同时引导消费者的绿色消费。

（2）信息宣传责任。信息宣传责任指销售者在产品的销售过程中有义务向消费者推介环保型产品，宣传普及环保知识，以推动环保产品的销售，提高消费者绿色消费意识。

（三）消费者

消费者是产品的使用者，既是产品的直接受益者，也是废弃物的排放者，理应承担起部分责任。消费者在选购产品的过程中，是否选购能耗低、污染小的环保产品，将会在市场上引导产品生产者转变产品生产决策，有利于从源头上降低产品造成污染的可能性。产品被消费者购买，在使用过程中，能否做到节约使用，尽量延长产品的使用寿命，一定程度上也决定了废弃物数量的多少。产品消费使用废弃后，由消费者直接支配，在实际处理中，消费者直接将废弃物随意抛弃，将其出售给手工作坊获取"剩余价值"，还是主动将其返还给生产者（销售者）进行正规的科学化处置，对延伸责任制度的实施有着直接的影响。废弃物的回收是延伸责任制度实施的根本，消费者是产品的使用者，也是废弃物的直接产生者，在废弃物的回收工作中起着关键性作用，在EPR实施过程中理应承担相应的责任。一方面需要消费者较高的环保意识，另一方面需要依靠法律的强制结合经济的代价或激励政策来确保消费者返还废弃物的行为实施。

消费者需要承担的责任内容，通过各国具体实践来看，主要承担以下方面的责任：

（1）绿色消费责任。绿色消费责任指消费者在选购、消费产品（服务）过程中具有选择绿色、节能、环保型产品（服务）的责任。

（2）节约使用责任。节约使用责任指消费者在使用产品时，应尽量延长所购产品的使用寿命，以实现资源的最大化利用。

（3）废弃物分类、返还责任。废弃物分类、返还责任指消费者在消费使用产品将其废弃后，理应承担对废弃产品进行分类、收集，并主动返还产品销售处或指定回收地点的责任。

（4）废弃物回收处理经济责任。废弃物回收处理经济责任指消费者对其废弃的产品支付废弃物的回收处理费用。

（四）政府

政府作为公共管理者，对产品的环境影响同样起着重要的作用。主要通过行政手段，对产业链上各利益主体的行为进行引导和调控。制定产品的环境标准、生产标准、能耗目标等促进生产者从源头实现原材料的减量化、环保化使用与产品的生态化设计、环保化生产；针对环境保护的理念在社会公众中进行宣传，制定管制政策、经济政策引导消费者返还废弃物，承担废弃物处理费；制定废弃物回收目标、回收再利用目标等对废弃物的回收进行监督；在废弃物回收、拆解处置领域，建立竞争机制，鼓励创新；从公共利益角度出发，推行绿色采购，倡导绿色技术研发。

政府作为 EPR 制度的制定者与推动者，主要承担延伸责任实施的管理调控责任。其责任主要体现在政策制定与行为引导方面。为应对废弃物的污染问题，政府制定了生产者延伸责任制度的各项法规，用以规范、约束生产者严格履行延伸责任；在制度实施的推进过程中，应逐渐建立健全与 EPR 立法相配套的政策措施。

四、生产者责任组织

生产者责任组织（producer responsibility organization，PRO）在各国固体废弃物EPR 实践中发挥了重要的作用。OECD（世界经济与合作发展组织）的生产者延伸责任相关政策法规中指出，生产者责任组织是一类企业或非营利性组织，负责集体管理组织内生产者 EOL 产品的回收。我国学界对生产者责任组织概念的界定也各不相同。温素彬等（2005）认为，生产者责任组织"是一个由生产者建立和治理的、处理与延伸生产者责任有关的执行目标的个别责任的共同体"。刘画洁（2007）认为，生产者责任组织是基于自愿或立法组建的、非营利性的第三方组织，当生产者独立完成废弃物的回收处置不经济、不可行时，可全权委托给生产者责任组织来完成。

本质上来看，生产者责任组织是一种在固体废物环境污染防治领域出现的专业的社会团体。我国相关法律法规指出，社会团体指"中国公民自愿组成，为实现会员共同意愿，按照其章程开展活动的非营利性组织"。按照该定义，生产者责任组织即是由行业内的生产者为实现固体废弃物的回收处置而自愿组建的非营利性组织，通过设置组织的章程、宗旨和业务范围，独立地进行固废的回收处置工作。

具体运行过程中，既可以独立自行设置回收处置体系，也可以借助传统的回收体系在进行废弃物回收的基础上，自主构建符合废弃物产品特征与环保要求的固体废物拆解处置体系。总之，生产者责任组织的建立，借助于独有的专业技术、专业化管理的优势，达到了固废管理环境成效与经济效益的最优耦合，契合了我国环境保护与资源综合利用的要求，满足了大部分生产者，特别是中小企业履行延伸责任义务的需要，有效降低了履职成本。

五、回收模式

废弃电器电子产品回收处理模式，指废弃物由消费者使用废弃后回收、拆解处置，及循环再利用等过程中的废弃物物质流向、回收处理基金流向，以及相关责任主体及承担的责任等问题。按照目前发达国家的实践来看，回收模式主要有生产者独自承担模式、业务外包模式、生产者与第三方联合模式等。其中生产者独自承担模式按照生产者是否自主回收废弃物又分为生产者自主承担模式与零售商承担模式；业务外包模式按照回收处置外包机构的不同，又分为生产者责任组织模式与第三方专营模式。我国现行的处理基金模式，是将征收的生产者的废弃物处理基金经由国家管理，补贴给有资质的正规回收处理企业进行废弃物的拆解处理，实际上这种处理基金模式是一种特殊的业务外包模式，只不过不同于生产者责任组织，其中间联系单位是国家政府部门而不是生产者责任组织。

第二节 理论基础

一、外部性内部化理论

外部性概念最早由剑桥学派阿尔弗雷德·马歇尔（Alfred Marshall）在 1980 年出版的《经济学原理》中提出。主要指在经济活动中，如果生产者或消费者在生产或消费的过程中给其他企业或社会上其他主体造成了影响，而又未将这些影响计入市场交易的成本和价格中去，那么就称生产者或生产者的这种行为存在外部性。从外部性的影响效果来看，如果这种影响是有益的，就被称为外部经济或正的外部经济效应或正外部性；如果这种影响是有害的，就称这种外部性为外部不经济，或负的外部经济效应或负外部性。从外部性产生的领域来看，如果外部性是伴随着生产过程产生的就称为生产的外部性，如果外部性是通过消费者的消费活动产生的就称为是消费的外部性。与环境问题相关的外部性，主要是生产和消费的外部不经济性，尤其是生产的外部不经济性。

资源环境属于公共物品，具有的非排他性与非竞争性特征决定了任何使用者都希望"搭便车",且消费每一单位环境资源的机会成本总为零,市场在资源配置中是失灵的;外部不经济本质上造成了边际私人成本小于边际社会成本,而私人最优产量大于帕累托最优产量。即市场主体基于私人收益最大化对资源环境造成的不利影响却由社会来承担。如此,社会上多个市场主体的共同行为必然导致资源环境的过度使用,出现"公地悲剧"问题。

为解决负的外部性问题,必须将资源环境成本纳入企业生产成本,将市场主体产生的资源环境外部性内化为企业内部成本。生产者责任延伸正是对产品报废后环境污染处理的市场手段失灵的基础上提出的政府管控手段。通过政府强制与激励引导相结合,将生产者对其生产的产品责任延伸至产品生命周期末端,要求生产者承担产品报废后废弃物的回收处置责任,也就是将产品的环境影响与治理成本内化为企业成本。

二、企业社会责任理论

企业社会责任概念最早由英国学者希尔顿于 1924 年提出。开始被世人所熟悉和接受则是在 1953 年霍华德·R·鲍恩《商人的社会责任》出版以后。企业社会责任理论要旨在于要求企业在追求经济效益、实现自身利润目标之外,还应承担起对职工、消费者、债权人、环境利益、社会弱者利益及整个社会福利的普遍维护与增进的责任。

对于企业来说,其根本责任是为社会提供安全适用的产品,为社会的发展提供必不可少的物质基础,同时追求利润最大化。但是整个社会是由息息相关的相互依存的多种要素构成的一个利益共同体,单纯的追求经济财富的积累并不能保证普遍的福利和社会的公正。企业在创造巨大的物质财富的同时,引发了一系列的社会问题。然而,主流经济学中的企业理论和现实的企业行为多是遵从追求自身利润最大化为根本目标,而社会整体福利则是利润目标的副产品,这种以社会福利目标作为企业存在于社会的价值基础肯定是不充分的。企业在经营活动中以道德价值观作为行为的判断标准，积极尊重和回应他人利益和社会需要的期望和要求，就是现代社会赋予企业的社会责任。即从伦理的角度强化了企业的社会责任。然而，企业的这种社会责任是一种自律的责任，企业是否愿意承担，主要取决于其道德标准。因此，为了确保企业社会责任的承担，防止其逃避，就需要通过立法将其自律的社会责任转化为法定义务。生产者责任延伸制度正是在企业社会责任理论的基础上，通过立法对生产者责任进行延伸，激励企业在谋求自身经济利益的同时，必须承担其人类与自然和谐的可持续发展的责任。

三、利益相关者理论

利益相关者理论萌芽于 20 世纪 60 年代，产生于 20 世纪 80 年代，缘起于对股东中心理论的质疑与创新。该理论认为，企业的发展离不开各种利益相关者的投入与参与，如企业的雇员、消费者、债权人等，同样企业的行为将对所有利益相关者产生影响。1963 年，斯坦福研究院首次提出，支持企业发展、维护企业生存的个人或群体是企业的"利益相关者"。1984 年，弗里曼提出利益相关者是"能够影响一个组织目标的实现，或者受到一个组织实现其目标过程影响的人"，该定义直观描述了利益相关者与企业发展之间的关系，宽泛地界定了利益相关者的范围，将股东、雇员、消费者、债权人，以及社区、环境、媒体等各种团体、机构都纳入进来，大大扩大了利益相关者内涵。从概念可以看出，企业是在一定的组织环境和社会关系中存在和发展的，单一主体的行动往往很难取得理想的绩效。因此，在管理实践中首先要识别出主要的利益相关者，在此基础上注重考察不同主体相互作用的方式与程度以及它们对管理目标的影响。

在废弃电器电子产品回收处理管理体系中涉及生产者（制造商）、销售商、消费者、回收处理者、生产者责任组织、行业协会等多个利益相关者。各利益相关者在废弃物回收利用的各个环节中各自有其利益诉求和目标指向，其相互之间有竞争也可以有协作，如果能将各参与方的利益诉求和资源加以整合，便可形成正向的协同效应，促进电子废弃物的有效回收。而利益相关者理论正具有整合这些分散力量和资源机制的价值。

四、产品生命周期理论

产品生命周期理论（product life cycle theory）起始于 20 世纪 50 年代中期，探索产品进入市场后不同时期销售的变化规律。60 年代初，美国哈佛商学院雷蒙德·维农（R.Vernon）和小威尔士（L.T.Well）通过分析产品的国内外循环，提出了国际产品生命周期的理论。70 年代初期，基于可持续发展的要求，提出了从环境的观点出发，从资源、生产、消费、废弃，转化为再生资源的产品生命周期，也就是可持续发展的产品生命周期。这一理论改变了传统的产品从生产、销售、消费、废弃等从"摇篮到坟墓"的线性过程管理。以循环经济为指导来重新审视产品生命周期，指出不仅要关注传统的产品生产、销售与消费过程，还要从产品生产的原材料、能源的开发与获取，以及产品消费是使用废弃后废弃物的处置和再生利用问题，因此完成的产品生命周期应该扩展为资源—生产—销售—消费—废弃—废弃物再生资源，这样一个物质流的闭环的循环过程。

随着科学技术的发展与产品升级换代的加速，大量废弃物产生，造成严重的环境污染问题的同时，资源却日益匮乏。可持续性发展基于协调处理好废弃物的产生、利用，及环境污染防治与资源的节约利用的发展目标，对传统产品生命周期进行了全新的思考和认识，提出将产品废弃后的回收处置与再生利用也纳入生命周期范围，至此形成了资源—再生资源的闭环的全生命周期。

五、循环经济理论

基于日益遭受破坏的自然生态环境和人类自身可持续性发展的思考，美国经济学家 K·波尔丁于 20 世纪 60 年代提出"循环经济"（recycling economy）概念。随着学界不同学科门类对于循环经济的研究角度与认识程度的不断加深，对循环经济的定义表述也从环境保护与资源节约的一般性角度逐渐上升至经济发展模式与人类、资源、环境、生态协调发展的高度。

"3R"（reduce，reuse，recourse）原则是循环经济的基本原则，即减量化、再使用与资源化原则。减量化指在输入端通过生产技术上或管理上的改进，通过要求企业尽量少的资源能源输入，特别是有害物质的投入来达到既定的生产或消费的目的；再使用属于过程性方法，通过要求企业改进产品设计，延长产品使用与服务的时间，同时便于产品或包装的重复使用；资源化则是输出端的方法，要求产品在生命终结，即完成使用功能不能直接再次利用的情况下，通过适当的加工处理，使其变成再生资源得到循环利用。3R 原则切实体现了资源－产品－资源的循环经济物质闭环流动的经济特征，本质上是一种协调经济持续增长与环境保护的生态经济模式。减量化、再利用、资源化原则的顺序表述，充分体现了循环经济是切合实际经济运行特征的污染控制与经济发展模式，即从企业生产源头的材料输入、产品设计生产、消费使用，即废弃再使用整个过程顺序实现资源节约与污染防控。

EPR 制度要求生产者承担产品生命周期各阶段的环境影响责任，特别是废弃物回收利用责任，同时通过对废弃物回收利用责任的规制，激励生产者采取生态化产品设计，最大限度地减少进入产品生产和消费的物质和能量，特别是有毒有害物质，以达到节约资源、发展经济与保护环境协调发展的目的，切实体现了循环经济减量化、再使用与资源化原则目标。

六、环境规制理论

规制（regulation）又称为政府规制，指在市场经济体制下，国家对宏观经济的干预或者对微观经济的干预，分别被称为宏观调控、微观规制。一般意义上规制的定义是指在以市场机制为基础的经济体制条件下，以弥补市场失灵为目的的，政府通过一定的政策法规干预经济主体，特别是企业活动，以实现社会福利的最大化。在现代规制经济学中一般将规制分为经济性规制、社会性规制和反垄断规制三大类。环境规制属于社会性规制，是指基于环境污染的外部不经济性，政府通过制定相应的政策与措施对企业的经济活动进行调节，已达到保持环境和经济发展相协调的目标。具体的政策工具可分为命令控制政策和利用市场机制的管制政策。命令控制政策通过相关立法、规定强制企业进行的活动，比如必须采取减排技术，必须确保废弃物的回收比例等。市场机制管制主要是利用市场机制进行的规制，主要包括收取污染税，对使用再生资源生产产品的企业提供税收优惠、押金政策等。命令控制管制方式的主要目标是环境效益，通过控制企业对环境污染活动，将环境污染的负外部性内化为企业成本，来达到环境保护的目的。与此同时，在改善环境的同时，政府由于需要制定调整相应的标准需要花费大量的交易成本和实施过程中的监管成本，企业在执行管制政策的过程中也可能导致相应的经济效益的损失和较高的服从成本。总体上，命令管制政策带来环境效益的同时可能导致经济效益损失，从而使得社会总体效益下降。环境与经济是社会的两个重要组成部分，如何制定有效的环境规制制度使得社会经济目标与环境目标处于平衡状态，是需要从社会整体发展出发予以关注的。

为解决环境与经济的协调发展问题，寻求市场机制下的管制政策，庇古从福利经济学的角度对外部性问题进行研究，通过征税和补贴使负的外部性成本内部化，实现社会福利的最大化，即"庇古税"理论。科斯、张五常从交易成本的角度研究外部性问题。总体上，以庇古和科斯为代表的传统观点认为环境规制必然提高企业的成本，进而削弱企业的竞争力；而迈克尔·波特所倡导的"双赢理念"认为，有效的环境规制将会使得环境规制与企业竞争力之间呈现双赢关系。

本质上来说，环境规制就是政府对企业活动产生的负外部性的管制，包括命令控制类型的直接管制政策，与利用市场机制的间接的经济管制政策。其中的直接管制工具主要是政府通过立法或制定相应标准的形式，要求企业必须达到的允许或不允许数量指标，如废弃物最低回收率、二次资源利用率、有害物质减量化标准等，对违反或不遵守管制的企业行为进行法律或经济制裁。目前来看，直接的命令管制政策是各国进行企业环境影响管制最常用、最有效的手段。间接的利用市场机制的规制手段，是政府利用市场价值规律，通过各种经济调节手段引导、激励企业对企业活动产生的环境影响成本内部化，比如生产者责任延伸制度，通过采取押金返还政策、废弃物无害处置补贴、再生资源利用补贴等手段，影响企业的成本和收益，促使企业做出对环境有益的决策反应。

第三节　本章小结

本章对废弃电器电子产品、生产者延伸责任、生产者延伸责任主体、生产者责任组织，以及回收模式等基本概念作出了界定。阐述了 WEEE 延伸责任分担与政策激励政策工具问题研究的理论基础，即外部性内部化理论、企业社会责任理论、利益相关者理论、产品生命周期理论、循环经济理论、环境规制理论等。这些理论将成为本书分析与论述问题的依据与基础。

第三章 国外废弃电器电子产品 EPR 制度实践经验与启示

第一节 国外废弃电器电子产品 EPR 制度实践经验

一、德国经验

1991 年德国联邦环境部（BUM）提出废弃电器处理的议案，并制定《电子废物条例》。1994 年将原废物法改为《促进循环经济及废物环保处理保证法》，该法案对生产者的回收义务作出了规定。1996－1998 年颁布《物质封闭循环与废物管理法》对电子产品的回收处理做出了明确规定，同时确立了生产者责任延伸制。

2003 年欧盟公布 WEEE 指令和 RoHS 指令。德国联邦议会基于欧盟法令于2005 年 3 月通过了《电子电气产品流通、回收和有利环保处理的联邦法》（ElektroG法规），该法规中明确提出由生产者承担电子废弃物的回收处理，在电子产品领域实施生产者延伸责任制。

在具体的电子废弃物回收处置体系中，城市垃圾管理机构、环保局等政府机构部门、生产者、消费者（含居民和单位用户）、销售者、生产者组建的管理协调机构（EAR）等各利益相关者均有明确责任。政府环保局（UBA）负责监督废弃物回收处理体系整体执行情况和效果；政府城市垃圾管理机构负责回收设施（场所）的建立与废弃物的分类回收；生产者负责废弃物回收站点的垃圾箱安置、废弃物的运输，以及废弃物的拆解处置和循环利用等；消费者负责将电子废弃物送至废弃物回收点；销售者参与回收；管理协调机构（EAR）负责废弃物信息收集上报。

具体实施过程中，生产者与废弃物专业处理企业和第三方物流企业签订委托合同，分别委托两家企业代其履行废弃物无害化处置责任和物流运输责任，处理企业为最大化利润，相互之间形成相互竞争使得处理费用降低；出于成本考虑，充分利用规模经济效应，目前德国各类电子废弃物的物流回收和处理不分品牌和厂商一律统一回收，将相关物流和处理业务外包给第三方，生产商按照其产品在回收量中的比例（新垃圾）或当年的市场份额来支付处理费用。德国的这种电子废弃物回收处理体系是典型的集体承担经济责任模式，如图 3-1 所示。

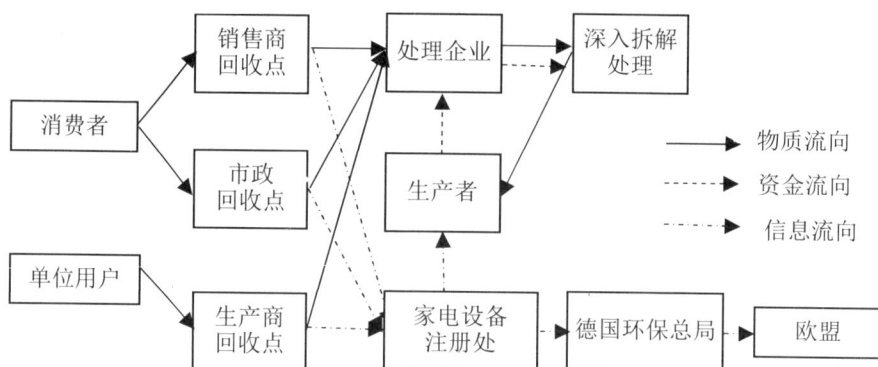

图 3-1　德国电子废弃物回收处理系统

二、瑞士经验

1998 年瑞士颁布了《电器和电子设备归还、回收和处置条例》（以下简称ORDEE），文件中明确规定了生产者或进口商，以及销售商、消费者和处理企业都必须承担相应的回收责任和废弃物处理责任。

瑞士的电子废弃物处理系统由生产者责任代理机构（PROS）负责协调管理。法令规定销售商无偿接收电子废弃物；生产商、销售商、PROS 机构负责设立回收点；消费者负责将废弃物送至回收点；PROS 机构负责将回收的废弃物转运至处理商；处理商将废弃物进行分解和资源化、无害化处理。各责任主体及具体需要承担的责任如下：

（1）消费者责任。消费者使用电子产品将其废弃后，必须将废弃物免费返还给生产者、销售者或生产者责任组织等建立的公共回收网点。若随意丢弃废弃物，按照相关法规将收取一定的费用。

（2）销售者责任。销售者在销售产品后，必须免费回收由消费者返还的与其销售产品同类型的废弃产品，且这些废弃物不受品牌的限制。销售者回收到的电子废弃物必须被运送至与生产者责任组织有合同关系的处理企业。

（3）生产者（进口商）责任。生产者或进口商对其生产或进口的产品报废后的废弃物具有回收义务，必须免费接收由消费者或销售者交付的废弃物；生产者或进口商可自行处理利用废弃物，或将其交给与生产者责任组织有合同关系的处理企业。

（4）处理企业责任。处理企业首先需要获得瑞士环保局颁发的废弃物处理许可证，并确保采用"最佳处置技术"；在此基础上，处理企业还必须与生产者责任组织签订废弃物处理委托合同，并获得生产者责任组织发放的许可证。

（5）出口商责任。对于出口电子废弃物的出口商在从事电子废弃物出口经营活动时，必须获得环保局颁发的废弃物出口许可证，同时确保出口后的废弃物在境外能够得到妥善处理，且遵守了进口国的相关法律和规章。

（6）政府责任。政府在电子废弃物的回收和处理工作中的主要职责是监督管理和立法工作。具体的执行机构部门是国家环保局和各州环保局。国家环保局负责制定电子废弃物管理条例与相关的配套制度，如《废弃物回收处理技术指南》等；同时负责签发电子废弃物越境转移许可证的审批等。各州环保局负责废弃物处理企业处置资格证的审批与颁发，同时负责对处理企业日常运行的监督和管理。

（7）生产者责任组织。生产者责任组织是主要由生产者、进口商、销售商代表组成的非营利性的组织机构，具体包括瑞士电子废弃物技术管理机构和瑞士废弃物管理基金会（SENS），其中电子废弃物技术管理机构主要有瑞士信息、通讯和组织技术协会（SWICO）。

　　具体实践过程中，生产者责任组织实际上充当了生产者或进口商与处理企业之间联系的一个中介组织，三方之间是建立在一种自愿基础上的委托合作关系。生产者委托生产者责任组织负责处理企业产品废弃物，生产者责任组织则是通过招标的方式选择在技术和经济上均有能力承担处理任务的第三方处理企业。生产者责任组织确定与生产者、第三方处理企业的合作关系后，从生产者那里接收电子废弃物，并将其交付第三方处理企业进行处理，处理企业按照生产者责任组织规定的技术标准进行废弃物处理，并接受生产者责任组织的监督和管理。对处理企业监督检查的结果将会作为下一轮合作关系存续与否的重要依据，同时各地方环保局也将其作为向处理企业颁发废弃物处理许可证的重要依据。

　　瑞士信息、通讯和组织技术协会（SWICO）与废弃物管理基金会（SENS）都有自己的技术支持机构，为他们提供相关的技术服务。瑞士联邦材料科学与技术研究所（EMPA）是 SWICO 唯一的技术支持机构，但 SENS 除了将 EMPA 作为自己的技术支持机构外，还同时有其他的技术支持机构提供服务。

　　具体实施过程中，PROS 组建回收处理和资金运作体系，参与废弃物回收处理费的定价，收取生产者的处理费用，并将其补偿给处理企业的处理成本和运营费用。PROS 将废弃物处理以竞标合同形式委托处理企业进行废弃物的分解处理。瑞士电子废弃物回收处理系统如图 3-2 所示。

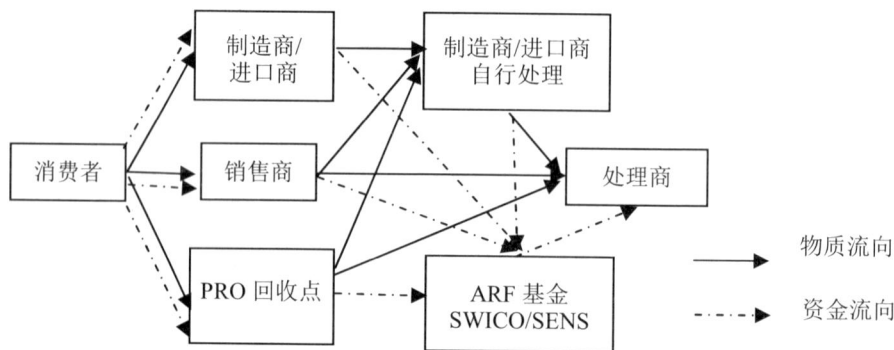

图 3-2　瑞士电子废弃物回收处理系统

三、日本经验

日本于 1998 年制定、2001 年 4 月起正式施行《特定家电再商品化法》，针对空调、电视、冰箱、洗衣机等四种特定家电实施 EPR 制度，要求生产者必须承担回收和再利用义务，消费者须负责废弃物的返还并承担处理与运输费用。具体运作模式基于生产者处理能力大小主要包含独立承担责任与集体承担责任两种模式。

独立模式下又分为两种：一是松下、东芝为中心的少数品牌生产者合作回收被处理废弃物；二是日立、三菱、夏普、三洋和索尼等 5 家企业为主建立的生产者联盟，共建处理厂追求更高的资源化率；该模式下由消费者将废弃物返还至销售商与政府城市垃圾管理机构分设的回收点，然后废弃物被运送至生产者（或联盟处理厂）进行分解处理。日本电子废弃物回收处理体系如图 3-3 所示。

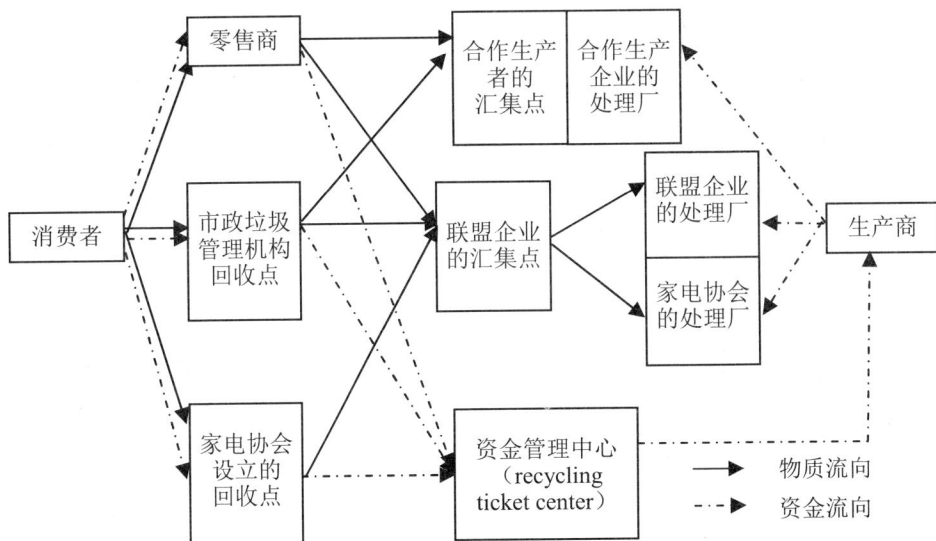

图 3-3　日本电子废弃物回收处理体系

大部分中小企业一般选择将废弃物的回收处理责任委托给家电协会（AEHA），即采用集体 EPR 模式；该模式下，消费者通过销售商、城市垃圾管理机构与家电协会（AEHA）分设的回收点返还废弃物并缴纳家电协会指定的垃圾处理费，经由邮局或销售商将处理费转交给生产商用以补贴废弃物的运输、拆解和处理成本。

四、荷兰经验

荷兰是欧洲电子废弃物管理立法和实践开展较早的国家。最早于 1999 年启动建设了大型家用电器的回收管理体系建设，2000 年开始将小型家用电器也纳入了回收体系。2004 年颁布的《电子废弃物管理法令》中涉及的电子产品种类包括了欧盟 WEEE 指令规定的所有品类。法令规定，生产者需承担延伸责任，承担方式可通过生产者责任组织为中介采取集体承担方式。在荷兰的电子废弃物 EPR 体系中，生产者完全委托荷兰金属及电气产品处置协会（The Dutch Association for the disposal of Metal and Electrical Products，NVMP）和 ICT 环境系统（ICT Milieu）两个生产者联合组织（PROS）来代为履行回收和处理责任。电子废弃物经 PROS 转交至处理商和地区汇集（分类）点；废弃物处置按照产品类别主要由 NVMP 和 ICT milieu 两个 PROS 负责协调、运输和处理等，分别采取消费者购买时支付直接的回收处置费和整合在价格中的间接回收处理费两种形式。荷兰电子废弃物回收处理系统如图 3-4 所示。

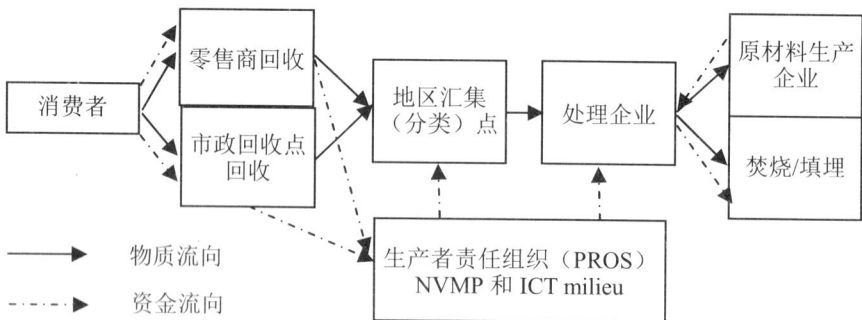

图 3-4　荷兰电子废弃物回收处理系统

NVMP 和 ICT 分别回收管理白褐色废旧家电和信息及通讯产品。两个责任组织的收费方式略有差异。其中，NVMP 对于白褐色废旧家电主要采用固定的直接回收处理费（visible recycling fee），即在新产品销售价格的基础上明确标出回收处理费用，由消费者在购买时直接支付，零售商将回收处理费用转交给生产者，由生产者每两个月根据产品种类和销售数量向 NVMP 基金会缴纳处理费用（根据欧盟法规规定，该项回收处理费于 2011 年之后采用了非直接的处理费，由生产者负责）。NVMP 通过公开招标方式选择最适宜的物流商和处理商，并与中标单位签订合同，依据合同条款和实际回收、运输、处理的电子废弃物数量向其支付费用。NVMP 处理商对收集的白褐色家电不分品牌进行统一处理。某些处理企业除了和 PRO 有合同外，还和生产者有直接的处理合同，接受生产者的委托处理试用品和废品。

信息及通讯（ICT）产品的处理费，由于难以确定，因此一般采取间接处理费（invisible recycling fee）方式，也就是在消费者购买产品时，将处理费整合在价格中。生产者每月接收处理企业交付的处理费用单据，根据废弃物的重量分摊处理费。2003 年以后，收费制度改为基于市场份额大小。

第二节　国外废弃电器电子产品 EPR 制度实践启示

一、执行目标管理制度

EPR 管制政策是政府管理部门经常使用的一项基本环境治理政策，目前无论是发达国家还是发展中国家针对固体废弃物处理问题，都普遍制定了相应的管制政策。按照废弃电器电子产品管理的三个终极目标：废弃电器电子产品的回收、推进资源再生，以及防止污染造成人体与环境损害，国外在电子废弃物管理过程中强调了生产者的主体责任地位，并规定了相应的回收目标与任务，如应达到或超过最小回收量、达到回收利用率与再循环率目标、满足污染控制的要求等。管制政策在具体执行过程中容易量化，也容易得到消费者支持，可以单独使用，也可以与其他政策工具组合使用。

具体实践中，不同国家结合针对不同类别的废弃物特征分别制定了不同的回收再利用比率，如欧盟国家对电子废弃物的回收率要求较高，回收率都在 70%～80%，日本回收率要求 50%～60%，日本家用电器回收率统一要求大于 80%。

我国目前实施的电器电子产品回收处理的基金制度，只要求生产者缴纳一定的处理基金，强调了经济责任，对 EOL 的回收利用的物质行为责任并未作出强制要求，也没有明确的回收再利用目标要求。2016 年发布的《生产者责任延伸制度实施方案》中提出，到 2025 年废弃产品规范回收与循环利用率平均达到 50%。然而，这一回收与循环利用率的总体要求如何落实，需要相应的配套制度作为支撑，去有效激励、监管 EPR 各责任主体严格落实法定的回收利用标准。具体的管制标准，应该具体结合产品潜在环境影响特征与影响面的大小来设定不同的回收率目标。

2009 年开始实施的《废弃电器电子产品回收处理管理条例》中明确要求："鼓励电器电子产品生产者自行或者委托销售者、维修机构、售后服务机构、废弃电器电子产品回收经营者回收废弃电器电子产品""电器电子产品生产者、进口电器电子产品的收货人或者其代理人应当按照规定履行废弃电器电子产品处理基金的缴纳义务"等，法规中尽管要求生产者承担废弃物的回收再利用责任，但还不足以保证生产者基于社会责任或者依靠市场机制使得整个社会实现一定的废弃物回收再利用比率。

二、推行 IPR 与 CPR 相结合的责任模式

生产者延伸责任（EPR）既可由生产者各自单独承担（个体责任承担模式，IPR），也可由生产者联合组织集体承担（集体责任承担模式，CPR）。IPR 模式下，生产者自主回收再利用本企业的产品，能够有效激励生产者改善产品设计决策，

同时也确保了生产者之间相对公平的成本分配（Tojo,N.，2004；2006）。比较来看，CPR 模式下，生产者通过组建集体联合组织来履行生产者责任，以市场化的运作手段，既体现了规模经济效应，降低了回收体系的运行成本，充分体现了公平公正，又在一定程度上克服了生产者独立承担延伸责任能力有限和多家企业重复组建逆流回收体系的无效率。

我国于 2016 年 2 月确定的电器电子产品 EPR 首批试点单位中，共有长虹电器、格力电器、海信集团等 12 家电器电子产品生产单位分别与 1 家或多家正规处理企业达成合作，共同承担废弃物的回收处置责任。这些 IPR 责任模式下的试点企业经过 2 年多的实践，逐渐开始构建产品的绿色回收处理体系，由生产者主导的绿色设计、绿色生产、绿色销售、绿色回收与处理模式崭露头角。试点单位中还包括 1 家行业协会与多家生产者和处理企业来共同完成废弃物的回收处置。这种责任模式可以认为是初期或者小范围的集体责任模式。对于除试点名单之外的绝大多数生产者目前均采取的是电器电子产品回收处理的基金模式，这种模式下生产者仅仅缴纳了废弃物处理基金，对废弃物回收处置不承担任何责任，生产者与废弃物回收处置企业没有任何的契约委托关系，是不完全的，或者说是有限的生产者责任模式。总体上，我国废弃电器电子产品 EPR 制度实践中开始出现 IPR 与 CPR 模式的试点探索，这将为建立和完善电器电子产品领域 EPR 制度提供宝贵的实践经验。

三、采用市场化的运作方式

EPR 是在生产者原有责任的基础上增加的关于产品环境影响的延伸责任，生产者承担延伸责任必然会增加成本，如何激励企业能够在履行 EPR 制度的过程中考虑到成本的有效性是企业能够持续、自主履行 EPR 的重要方面。北京大学童昕教授曾指出，"在逆向供应链系统中，废弃电器电子的回收不仅是生产者的责任，还是价值创造的一部分"。

国外完善的市场机制为 EPR 制度的实施提供了良好的市场环境，依靠市场机制促使企业履行延伸责任，缓解企业生存压力。德国电器废弃物 EPR 运作体系主要以生产者以合同形式委托专业处理企业和第三方物流企业代其履行延伸责任。专业处理企业在产能允许的情况下，尽量争取更多的废弃物以最大化利润，从而形成相互竞争，降低处理成本。奥地利在制冷设备 EPR 政策中采用了物料回收认证证书（material recovery certificates，MRC）模式。该证书由政府监管机构按照处理企业对废弃物拆解处理的水平、处理深度和除污性能等方面考核后，针对产生的再生资源发放的物料回收认证证书。生产者可通过购买 MRC 完成延伸责任。MRC 类似市场商品，专业处理企业间将形成相互竞争，在提高物料回收环保性的基础上，降低了处置成本。

四、构建多主体参与的回收体系激励机制

废弃电器电子产品生产者责任延伸责任制度的关键在于所有参与产品各个环节的主体都要承担相应的责任。各发达国家 EPR 立法中均建立了以生产者/进口者责任为主，销售者、消费者和处理者的机制安排，明确界定了各相关方在产品生命周期内承担的相关义务，如日本采取的就是以生产者、消费者责任合理分担的制度体系，保障了制度的顺利实施。

我国《废弃电器电子产品回收处理管理条例》中对生产者、销售者、消费者和处理者等各方责任也做出了明确规定，但是缺乏相应的激励与约束机制，对不履行责任的主体缺乏相关的惩罚措施。为使销售者协助生产者完成废弃物分类回收责任，应制定相应的强制规制措施，或设定以回收比例（回收量）为考量的税收优惠政策激励等。消费者是废弃物回收处置的最重要环节之一。长期以来形成的追求废弃物剩余价值的观念，使得部分国家实施的以消费者承担废弃物处理费用，免费返还废弃物等责任在我国目前国情下实施难度较大。为此，可考虑采取实施押金制度，即消费者在购买电器电子产品时缴纳一定的押金，用以约束激励

消费者将废弃后的产品返还，避免废弃物流向流动回收商贩或随意丢弃。

五、完善生态化设计与无害化处置激励制度

从国外电子废弃物 EPR 实践来看，完善的政策法规与回收网络体系，利益相关者权责明确，利益协调机制完善等确保了废弃物回收利用体系运行顺畅有效。然而，目前发达国家完善的回收处理体系始终未将产品末端的废弃物回收处置绩效与产品前端的生态设计联系起来。生产者的经济责任仅仅是缴纳了废弃物的回收处理费用，并没有起到 EPR 概念蕴含的激励产品设计决策和产品无害化处置等方面的作用。

我国目前实施的废弃电器电子产品 EPR 制度同样没有对生产者生态化设计与废弃物最终的无害化处置进行激励制度设计。为解决以上问题，我国在制定相关法规和经济制度中应作如下完善。首先，可考虑实施产品环境评估认证制度，辨别不同生产者产品环境友好程度，用以实施等级化的财政优惠政策（补贴、税收等），激励生产者，特别是实施集体 EPR 责任模式的中小企业采取生态化产品设计；其次，实施废弃物拆解物料回收认证评估政策。将废弃物的拆解处置按照对有害物质的合理处置程度、再资源化率等方面进行评估认证，面向处理结果，制定废弃物拆解环保率标准，正向、反向双面激励废弃物处理者采取环境友好的回收处理技术，提高处理质量和资源再利用率。

第三节　本章小结

（一）本章首先对德国、瑞士、日本和荷兰等国家的电子废弃物生产者责任延伸制度运行体系中的责任承担模式、利益相关者利益协调与政府的管制与激励制度建设等方面进行了考察和对比分析，指出在电子废弃物回收处理过程中，不同国家 EPR 制度的实施内容和方式不同，但是毫无例外地强调了生产者在废物回

收处理过程中的延伸责任，产品供应链中各利益相关者均需要承担一定责任。延伸责任具体的承担模式，既可由生产者各自单独承担，也可由生产者联合组织集体承担。研究发现，虽然国外电子废弃物回收再利用体系相对完善、成熟，利益协调机制与资金流、信息流、物质流等运行顺畅，但是，生产者废弃物的回收处置责任并未起到对产品环保设计与废弃物无害处置的激励作用。

（二）基于国外废弃电器电子产品回收处置责任分担与 EPR 激励政策工具的对比分析，总结提炼出我国废弃电器电子产品领域 EPR 制度建设的经验与启示：一是执行目标管理制度，对 EOL 产品回收、处理等责任实行标准管制政策；二是推行 IPR 与 CPR 相结合的责任模式，基于我国目前主导的处理基金模式下生产者责任不完全，提出将处理基金的 CPR 模式与我国目前实行的电器电子产品 EPR 首批试点单位 IPR 模式相结合，为建立和完善电器电子产品领域 EPR 制度提供宝贵的实践经验；三是采用市场化运作方式，结合 EPR 试点工作，逐渐转变政府主导的管理模式为市场为主导的 EPR 运行机制；四是构建多主体参与的回收体系激励机制，进一步完善有关销售者、消费者等主体参与废弃物回收的激励约束机制，可考虑采取消费者押金制度，用以约束激励消费者将废弃后的产品返还，避免废弃物流向流动回收商贩或随意丢弃；五是完善生态化设计与无害化处置激励制度，通过对国外 EPR 实践中对于生态设计与无害化处置缺乏激励的制度缺陷问题的反思，提出我国废弃电器电子产品 EPR 制度建设中应强化生产者生态设计激励与废弃物无害化处置激励。

第四章　我国废弃电器电子产品责任承担与激励机制建设现状分析

第一节　我国电器电子产品行业发展概况

我国电器电子行业自 20 世纪 80 年代起快速发展，从最初的产品供不应求，到激烈的产品价格大战、企业兼并重组，再到产品供大于求，不断扩大海外市场和农村市场。目前，我国电器电子产品行业已经进入微利时代，并面临行业转型升级的巨大挑战。

我国电器电子产品的产量巨大。2013 年以来，彩色电视机、房间空调器、微型计算机、手机的年均产量都超过 1 亿台，其中，手机的年均产量高达 17.51 亿台；吸排油烟机年均产量偏低，仅有 3049.7 万台。图 4-1 列出了 2013 年至 2019 年间主要电器电子产品产量变化情况，其中彩色电视机、房间空调器和手机的产量增长幅度较大。

图 4-2 主要为城镇和农村居民家庭每百户电器电子产品拥有量。由图可见，2013 年至 2018 年间城镇和农村居民电器电子产品拥有量均呈现逐渐上升态势，且两者差距逐渐缩小，特别是彩色电视机、电冰箱等电器拥有量差异较小，农村居民手机拥有量已超城镇。然而，吸排油烟机、房间空调器等拥有量呈现较大差异，农村市场潜力巨大。图 4-3 为电器电子产品居民保有量总体变化情况，各类电器保有量均随年份呈现上升趋势，其中微型计算机、房间空调器均在 2018 年实现突增。

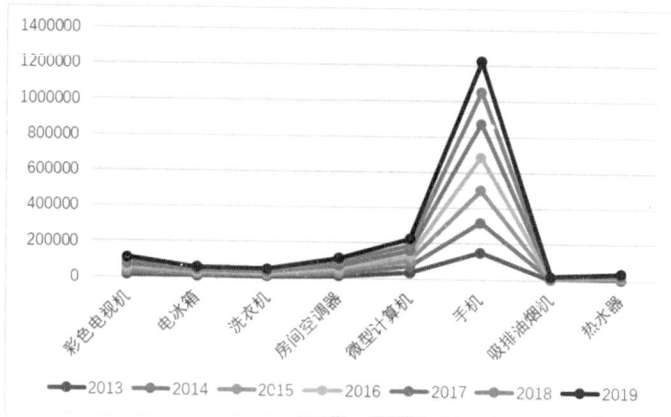

图 4-1 电器电子产品产量（万台）
数据来源：由国家统计年鉴数据整理

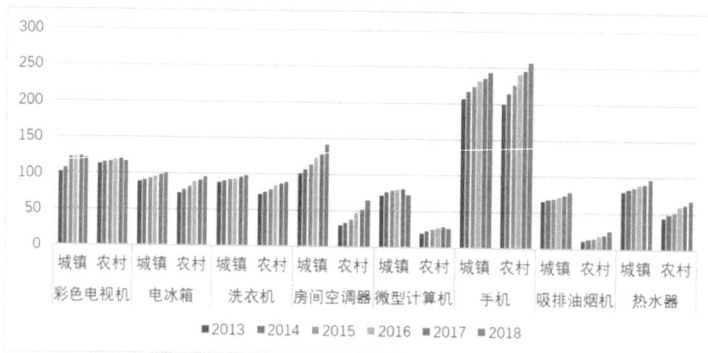

图 4-2 电器电子产品城镇、农村每百户拥有量（台/百户）
数据来源：由国家统计年鉴数据整理

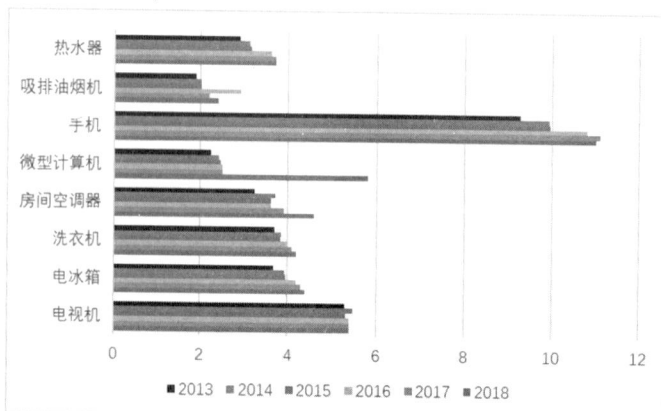

图 4-3 电器电子产品居民保有量（亿台）
数据来源：由国家统计年鉴数据整理

第二节　我国废弃电器电子产品 EPR 制度建设与运行概况

一、EPR 制度建设与实施背景

（一）EOL 产品数量快速提升

我国不仅是电器电子产品生产、消费大国，还是废弃大国。中国家用电器研究院对各年度废弃产品理论报废量进行了测算，得到图 4-4 所示各年度各类电器电子产品理论报废量。其中电视机等图中前 5 类产品为 2006～2018 年数据，其他 9 类产品为 2015～2018 年数据。由图可见，2006 年以来，各类电器报废量均呈现上升趋势。2019 年各类电器报废总量达 6.74 亿台，其中首批目录产品理论报废量约 1.7 亿台。

同时，由于受环境利益和经济利益双重驱使，我国也是国外废弃电子产品的主要输入地，根据《全球电子垃圾市场的研究报告（2011－2016）》[*Global E-waste Management Market*（2011－2016）] 统计，全世界废弃电子产品的 80% 被运到亚洲，其中 90% 输入中国。

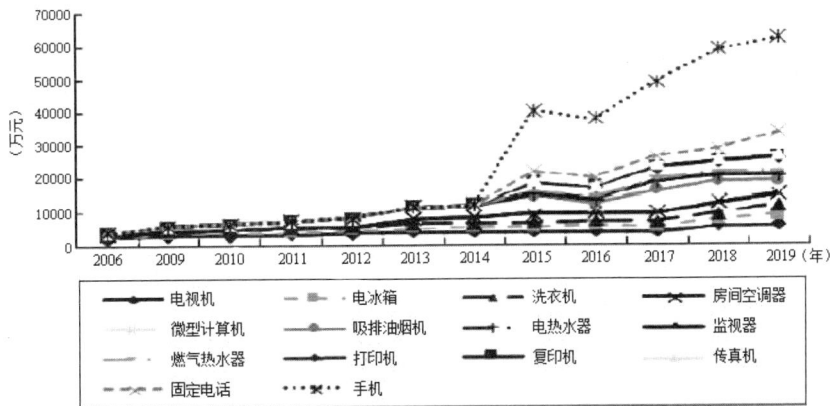

图 4-4　电器电子产品理论报废量（万台）
数据来源：由《中国废弃电器电子产品回收处理及综合利用行业白皮书》数据整理

（二）不规范的回收利用体系

邓毅（2016）、张德元（2018）的研究认为，本质上废弃物均具有资源性和环境性双重特征。对废弃物进行回收处理付出的经济成本与获得再生资源所拥有的经济价值之间的关系，将会伴随经济社会发展而不断发生变化，当收益大于成本时，资源性占主导；当成本大于收益时环境性占主导；因此在不同发展水平的国家，或一个国家不同的发展阶段，废弃物将呈现不同属性。

长期以来，废弃物在我国属于有价商品，其资源性占主导。消费者在将 EOL 产品废弃时普遍按照一定的市场价格进行销售。20 世纪 90 年代开始，社会上自发形成的以依靠废弃物资源回收生存的个体回收户是我国废弃电器电子产品回收的主力军[3]，依其成本低、利润高、方便灵活的回收方式自发地实现了较高的资源回收率，与我国较长时期内劳动力成本较低的国情相适应。市场自发形成了 EOL 产品废弃、回收、处理和再生利用的完整产业链。然而，产业链中消费者、回收者、拆解者等主体均以利益为驱动，为了谋求最大的利润，废弃物基本流向了技术能力差、成本低的小作坊，不惜以牺牲环境为代价换取最大经济价值，造成严重环境污染的同时，对人的健康也产生了极大危害。我国广东省贵屿镇、浙江省台州市、山东省临沂市等地均曾是自发形成的废弃电器电子产品拆解处理集散地[3]。

（三）发达国家电器电子产品 EPR 立法的影响

日趋严峻的电子废弃物污染与国际上针对废弃电器电子产品回收处理管理立法、倡导 EPR 制度形成技术性贸易壁垒的双重压力，加速了包括我国在内的发展中国家对废弃电器电子产品回收处理管理的立法。

二、EPR 制度建设

（一）回收处置制度

生产者责任延伸制度在我国的发展已历经 30 余年。1989 年 11 月颁布的《旧水泥袋回收办法》是我国最早的生产者责任延伸理念的体现。中华人民共和国国家发展和改革委员会（后简称"国家发改委"）于 2001 年开始牵头准备《废旧家电及电子产品回收处理管理条例》制定的相关工作。为推进我国废旧家电回收处理工作实践，同时为相关政策法规的制定积累一定的经验，国家发改委于 2003 年确定浙江省、山东省为废旧家电回收处理工作试点地区。试点工作过程中，部分企业积极承担废旧家电回收试点示范假设项目，海尔集团作为试点企业充分发挥其行业和技术优势，为废旧家电的回收处理工作进行了积极的探索，积累了丰富的经验。2008 年颁布的《循环经济促进法》中首次将生产者责任延伸制度确立为一项基本管理制度。2009 年《废弃电器电子产品回收处理管理条例》（后文中简称《条例》）正式公布，并决定自 2011 年 1 月施行。按照《条例》各项要求，有关主管部委就自己负责的部分着手制定《条例》实施的管理办法和规章、标准等配套政策。

国家发改委主要制定下发了《废弃电器电子产品处理目录（第一批）》（2010 年）、《制订和调整废弃电器电子产品处理目录的若干规定》（2010 年）、《废弃电器电子产品处理目录（2014 年版）》（2015 年）、《<废弃电器电子产品处理目录（2014 年版）> 释义》（2016 年）。

环境保护部主要就废弃物处理发展规划[《废弃电器电子产品处理发展规划编制指南》（2010 年）]、回收处理企业资质管理 [《废弃电器电子产品处理资格许可管理办法》（2010 年）]、处理企业信息报送管理 [《废弃电器电子产品处理企业建立数据信息管理系统及报送信息指南》（2010 年）]、处理企业补贴管理 [《废弃电器电子产品处理企业补贴审核指南》（2010 年）] 等方面制定了一系列管理规章。

商务部积极推进废旧电器电子产品的回收处理和再利用、再生资源回收体系建设，于 2012 年发布《废弃电器电子产品处理基金征收使用管理办法》等配套文件。针对目录外的电子废弃物，依据生态环境部发布的《电子废物污染环境防治管理办法》（总局令第 40 号）进行名录管理。废弃电器电子产品的一些拆解产物，例如线路板，属于危险废物，其处理应符合《危险废物经营许可管理办法》的要求。废弃制冷器具中制冷剂的回收和处理，应遵守《消耗臭氧层物质管理条例》的相关规定。

工业和信息化部积极探索新的管理与运行模式，使生产者责任延伸制度不断适应我国电器电子行业的发展。2014年工业和信息化部节能与综合利用司开展了"工业领域EPR制度试点实施方案及政策研究"，研究制定了《电器电子产品EPR试点方案》。2015年6月正式下发《关于组织开展电器电子产品EPR试点工作的通知》。

2016年，工业和信息化部与财政部大力推进绿色制造，将构建产品全生命周期绿色供应链纳入绿色制造管理体系中。此外，工信部、财政部、商务部和科技部开展的生产者责任延伸试点，也在积极推动生产者责任延伸制度的建设，引导生产者参与回收体系的建立。2017年，国务院发布《生产者责任延伸制度推行方案》，明确界定生产者延伸责任包括生态设计、再生原料使用、废弃物回收利用与信息公开等方面，同时提出要在现行的处理基金制度基础上，构建生产者延伸责任评估体系；并对2020年、2025年重点品类废弃物与一般废弃物回收与循环利用率标准。2018年修订的《固体废物污染环境防治法》中，明确强化了固体废物产生者的主体责任，提出生产者责任延伸制，为我国废弃电器电子产品的回收处理与资源化利用管理提供了法律支撑。

（二）信息披露责任制度

对于环境信息披露责任，目前主要是要求相关企业在政府环保等机构网站或企业个人网站上对相关信息进行公开。2011年11月中国国际青年交流中心启动"首届中国上市公司环境责任调查活动"项目，发布《首届中国上市公司环境责任信息披露评价报告（2012）》，截至2019年底，已连续7年发布上市公司环境责任信息披露报告。该项目以沪深交易所上市公司为调查对象，从企业环境管理、环境意识与环境绩效等方面，对其履行环境社会责任做出评价，为加强监督企业履行环境责任，提高环境治理能力起到了重要作用。

（三）源头预防责任制度

为引导生产者开展工业产品生态设计，促进生产者履行源头预防责任，工业和信息化部、国家发改委和环境保护部联合发布《关于开展工业产品生态设计的指导意见》（工信部联节〔2013〕58 号）。并于 2014 年组织开展了工业产品生态设计示范企业创建工作。至今已公布三批工业产品生态设计试点企业，其中 12 家电器电子产品企业入选。2018 年以来，工业和信息化部对试点企业陆续验收，2019 年 11 月经公示通过验收的电器电子企业包括联想（北京）有限公司、四川长虹电器股份有限公司、美的集团股份有限公司、北京京东方显示技术有限公司等 8 家企业正式成为第一批工业产品绿色设计示范企业。示范企业创建工作的目的主要在于探索我国工业产品生态设计的政策引导与市场推进相结合的激励机制和推行模式，力争在每个示范行业树立 1～2 家示范企业，探索建立行业产品生态设计标准和评价监督机制，推进技术开发应用，总结推广有益经验。

总体上，我国在电器电子产品生产者责任制方面已经初步形成了一个从人大、国务院到主管部委自上而下的，较为完善的管理机制，对生产者延伸责任范围、履责方式、回收处理企业准入管理等方面均制定了较为系统的实施标准和依据，使得各责任主体得以贯彻落实。

三、EPR 制度实施与运行

（一）废弃电器电子产品的回收

分别于 2010、2015 年发布的《废弃电器电子产品处理目录（第一批）》《废弃电器电子产品处理目录（2014 年版）》明确规定了需回收的产品名录。以"四机一脑"为例，目前的回收程序如图 4-5 所示。废弃电器电子产品由居民消费者、单位消费者返回至销售者、公共收集点和小商贩；事实上基于废弃物剩余价值的追求，绝大部分的电子废弃物流向了小商贩，进而进入小作坊进行非正规拆解处理；由销售商收集的废弃物转运至生产商，再由生产商转运至正规处理企业；公共收集点收集的废弃物也转运至正规处理企业，部分小商贩收集的废弃物也转向了正规处理企业进行处理。

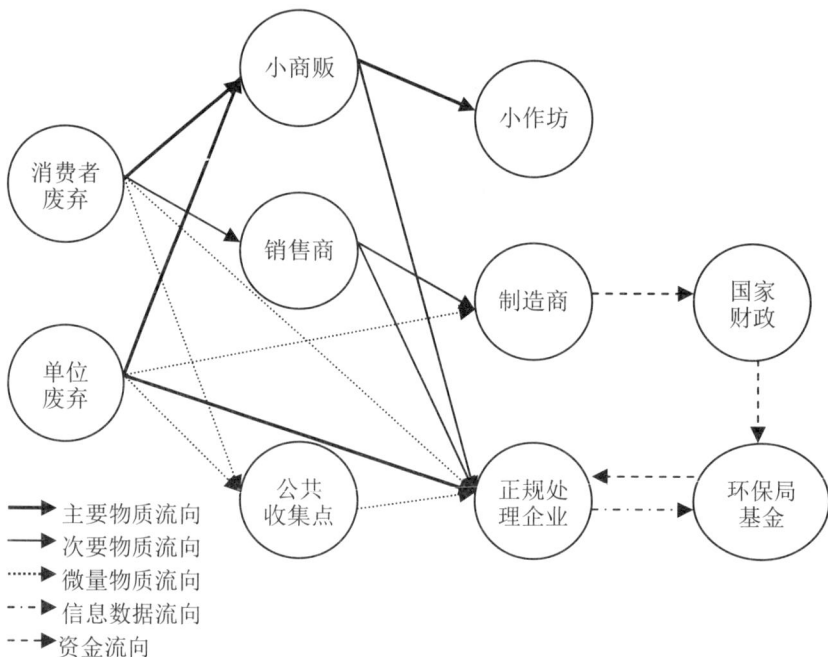

图 4-5　我国废弃电器电子产品回收程序示意图

在资金管理上，实行预付费制度。由生产者或进口商按照产品生产或进口数量、类别向国家财政交付一定的处理基金，归入国库，再由国家通过财政预算对废弃电器电子产品处理基金账户统一拨付至环保局。环保局根据正规回收处理企业上报的拆解产品种类和数量数据，对其进行审核并发放 EOL 产品处理基金补贴。对于 EOL 产品回收和处理数据，只有通过正规回收处理企业上报的数据可以统计，而全国总体的电器电子产品的报废量及回收量数据并不能直接掌握。

处理基金制度实施以来，废弃电器电子产品的回收逐渐由市场经济体制下个体回收为主的传统再生资源回收模式，转向以各种创新回收模式与传统回收模式共存的发展阶段。据调查，自 2014 年开始，废弃电器电子产品的各种创新模式逐渐涌现，如社区回收、生产者逆向物流回收、互联网回收等。特别是 2016 年以来，商务部大力推进互联网+回收、智能回收、新型交易平台等创新回收模式，工信部通过生产者责任延伸试点，构建绿色供应链企业示范推动生产者为主导的 EPR 回收模式。互联网+回收的产品种类逐渐由手机扩展至废电视机、电冰箱、洗衣机等大家电产品。建立了深圳"爱博绿"、上海"嗨回收"、北京"有闲有品"等多个废弃电器电子产品交易平台。

为引导生产者探索履行延伸责任经验，工信部等四部委联合组织开展了电器电子产品生产者责任延伸试点工作，最终确定了 17 个试点项目纳入第一批电器电子产品 EPR 试点，其中 15 家为生产者，2 家行业协会。试点产品涵盖了首批目录产品、新增目录产品及铅蓄电池。据调查，列入试点企业的 EPR 回收网络建设已形成一定的规模。截至 2017 年第 2 季度，总计回收废弃电器电子产品 1793.81 万台，其中首批目录产品 834.67 万台。

（二）废弃电器电子产品的处理

《条例》对废弃电器电子产品回收处理企业进行了资质管理，提高了对处理企业的要求。《条例》的实施使我国废弃电器电子产品处理企业向规范化、企业化迈进了一大步。处理企业不论在硬件方面，还是在软件方面都有了显著的变化，为我国废弃电器电子产品回收处理产业的转型升级奠定了基础。

截止到 2015 年 12 月，通过废弃电器电子产品回收处理企业资质认定的处理企业共计五批 109 家，基本上覆盖了中国 29 个省（自治区，直辖市）（不含香港、澳门、台湾、西藏、海南）。其中，沿海和中部地区处理企业数量较多。据统计，大部分处理企业年处理规模超过百万台。据家用电器研究院发布的《中国废弃电器电子产品回收处理及综合利用行业白皮书 2018》显示，2018 年废弃电器电子产品处理企业的年处理能力达 1.7 亿台，比 2017 年小幅提升；实际处理量约为 7900 万台，与 2017 年相比小幅下降；处理行业整体稳步向前发展。

（三）产品生态设计

为推进产品绿色设计，工业和信息化部于 2014 年组织开展了工业产品绿色设计示范企业创建工作，2019 年正式验收通过第一批，其中电器电子行业绿色设计示范企业主要包括联想（北京）有限公司在内的 8 家企业，涵盖电子信息、电器电子、小家电、显示器、通信设备、光伏产品等产品类别。示范企业在产品设计阶段就按照产品全生命周期各个主要环节寻找绿色设计的切入点，构建限用物质数据库、能效数据库、废旧产品回收利用数据库等资源环境影响数据库，在此基础上利用生命周期评价方法和工具，提出产品绿色设计与绿色制造的改进方案。示范企业在开展生态设计的同时，按照电器电子产品中有害物质管理要求，对上游原材料进行严格管控，积极构建绿色供应链。

四、EPR 制度实施成效

《条例》实施 8 年多来，我国废弃电器电子产品处理产业发展迅速，回收模式多元化发展，资源环境效益日益显著，废弃电器电子产品处理技术快速发展，已发展成为全球发展最快，发展中国家最成功的 EPR 制度体系，综合回收处理率达到世界先进水平。

（一）废弃产品回收模式呈现多元化

随着废弃电器电子产品 EPR 制度建设与实施的推进，EOL 产品回收处理行业呈现快速发展态势。截至 2017 年第 2 季度，生产者责任延伸首批试点单位共建立回收点 13486 个，其中，固定回收点 13057 个，临时回收点 429 个，基本覆盖全国范围，涉及的回收模式主要有以旧换新、售后回收、互联网回收和回收商合作，也有部分试点单位选择社区回收站、机构回收以及与处理商合作回收等。商务部于 2016 年开始至今，连续四年发布组织评选并汇编成再生资源新型回收模式案例集，将创新度高、覆盖面广、代表性强、示范推广性好的新型回收模式进行宣传推广。越来越多的生产企业、处理企业等或通过自身的营销（维修）网点构建逆向物流回收体系，或着力创建互联网+回收、智能回收、新型交易平台等创新回收模式。2016 年以来，回收宝、爱回收、国美在线等"互联网+回收"的废弃电器电子产品回收渠道快速发展，易再生、爱博绿等多个废弃电器电子产品交易平台得以建立。在生产者责任延伸试点工作引导下，生产者通过逆向物流建立废弃电器电子产品绿色回收渠道，回收模式呈现多元化态势，同时推动了回收行业的绿色转型升级。

（二）资源效益与环境效益显著

据中国家用电器研究院调查显示，2009 年以来正规回收处理企业拆解的首批目录产品，及回收的钢铁、铜、铝、塑料等资源数量见表 4-1。处理企业拆解首批目录产品数量呈现稳中有升态势，废弃电器电子产品规范拆解处理比例由 2009 年的 5.75%波动增长并稳定于 60%以上。根据联合国大学等有关研究表明，我国的废弃电器规范收集率已超过日本和美国等发达国家，接近欧盟水平。

表 4-1 废弃电器电子产品拆解与回收资源效益与环境效益

年份	废弃电器电子产品的理论报废量/万台	处理企业拆解处理首批目录产品数量/万台	处理企业回收金属"钢铁"数量/万吨	处理企业回收金属"铜"数量/万吨	处理企业回收金属"铝"数量/万吨	处理企业回收塑料数量/万吨	理论减少 CO_2 排放量/万吨
2009	5148	296	1.34	0.14	0.14	1.92	/
2010	5854	1917	8.69	0.91	0.9	18.17	/
2011	6671	5633	25.54	2.67	2.64	36.49	/
2012	7585	2066	8.84	0.9	0.89	13.03	111.1
2013	10980	4000	9.63	1.98	0.52	14.81	97.6
2014	11378	7000	14.6	3.06	0.62	23.22	152.2
2015	12439	7500	24.8	7.3	1.9	30.6	389.3
2016	11213	7500	46	10	5.4	44.6	1155
2017	12523	7900	37.2	4.3	8.1	40.5	32
2018	15000	7900	53.6	5.0	2.6	40.6	76.5

数据来源：根据各年度《中国废弃电器电子产品回收处理及综合利用行业白皮书》整理。

（三）减少温室气体排放

废电冰箱和废房间空调器的含氟制冷剂是破坏臭氧层物质和温室气体。通过对废电冰箱、废房间空调器的拆解处理，减少电冰箱制冷剂排放、房间空调器制冷剂排放，可减少 CO_2 的理论排放量。2017 年以来，由于含氟制冷剂（R12）的废电冰箱数量已经越来越少，可供拆解处理的废品数量减少，造成 CO_2 理论减少排放量的降低。总体上，由表 4-1 可以看出，通过对废弃电冰箱、房间空调器的规范拆解使各年度理论 CO_2 排放量逐年减少，对温室气体的减排成效显著。

（四）促进电器电子产品制造业绿色发展

2014 年开始实施，2019 年验收通过的首批电器电子行业绿色设计示范企业，自 2018 年以来共设计开发绿色产品超过百款。2016 年开始实施的首批电器电子产品生产者责任延伸试点单位的电视机、冰箱、洗衣机和空调的绿色设计产品比例均占销量的 60%以上。2017 年开始，工信部大力推进绿色制造和绿色供应链示范。同时，通过生产者责任延伸试点，引导生产者构建产品绿色设计、绿色生产及绿色回收和处理的全生命周期绿色供应链。

（五）促进废弃电器电子产品处理技术向高水平发展

近年来，我国废弃电器电子产品回收处理逐渐向规范化、规模化和专业化方向发展，处理企业对拆解处理技术的需求不断提高。面对拆解数量的压力，各处理企业开始改造拆解线，升级处理设备，以提高拆解处理效率和自动化水平。越来越多的优化物流的高效整机拆解线得到推广和应用。人工成本的提高，对自动分选的需求也在不断增加。清华大学、机械科学研究总院等高校和科研机构研发的印刷电路板零部件自动分选设备得到了越来越多的处理企业关注。格林美研发的用热解法回收废 PCB 中铜的技术，天津澳宏开发了一套适用于家电产品的全生命周期制冷剂的回收与再利用的工艺与技术，均为国内领先水平。2017 年，液晶电视和显示器的拆解处理渐成规模。废电路板火法处理新工艺也开始产业化运行，例如汕头中节能，为处理企业延长产业链，开展废电路板深加工提供了新的技术保障。联想（北京）有限公司在行业内首次突破低温锡膏绿色制造工艺，与原有工艺相比碳排放量减少 35%。北京京东方显示技术有限公司完成空压机改造、热回收改造、阵列工艺节水改造、彩膜工艺节水改造等多项绿色制造技术改造，持续开展节能节水行动。

环境保护部固体废物与化学品管理中心主任孙绍峰曾指出："废弃电器电子产品处理企业正在积极开发新技术，从原来的追随逐渐走向国际先进水平，从单纯依靠基金补贴到逐渐生长出自己的内生增长动力，实现了资源效益、环境效益、社会效益的协调发展。"

第三节　我国废弃电器电子产品延伸责任承担情况分析

一、处理基金模式

2011 年开始实行的《条例》中建立了废弃电器电子产品目录制度、处理基金制度，以及废弃电器电子产品处理企业许可等制度；对废弃电器电子产品采取分散回收、集中处理的管理方式。规定纳入废弃电器电子产品处理目录的产品生产者和进口商需根据其生产或进口产品种类、数量交纳一定的处理基金；国务院负责基金的征收、使用与管理；通过废弃电器电子产品处理资质管理制度审查的正规回收处理企业负责废弃物的回收处置，并按其拆解产品数量申请补贴。

具体实施过程与责任情况如下：生产者或进口产品的收货人或委托人需要履行交纳废弃电器电子产品处理基金的义务；国家相关部门负责处理基金的征收、审核与发放管理；EOL 产品的回收可由生产者自行完成，也可委托销售商或废弃电器电子产品回收经营者完成；回收的 EOL 产品交由有资质的废弃电器电子产品处理企业进行集中拆解处理；处理企业在对 EOL 进行拆解处理时应符合国家有关资源环境和保障人身健康等相关要求，同时按规定建立 EOL 产品处理日常环境检测制度，报送拆解处理基本数据。

事实上，我国废弃电器电子产品 EPR 的处理基金模式，是由生产者向政府交纳一定的 EOL 产品回收处置费，由政府委托有资质的回收处理企业回收处理废弃物，这实际上相当于生产者将 EPR 责任外包给有资质的回收处理企业（第三方），属于回收业务外包模式。首批废弃电器电子产品目录产品征收基金与补贴标准见表 4-2。

表 4-2　首批废弃电器电子产品目录产品征收基金与补贴标准（元/台）

序号	产品种类	征收标准	补贴标准 2012 年	补贴标准 2016 年
1	电视机	13	85	60/70/0
2	电冰箱	12	80	80/0
3	洗衣机	7	35	35/45/0
4	房间空调器	7	35	130
5	微型计算机	10	85	70

数据来源：由 2012 年 8 月颁布的《废弃电器电子产品处理基金征收管理规定》、2012 年 5 月颁布的《废弃电器电子产品处理基金征收使用管理办法》、2015 年 11 月颁布的《废弃电器电子产品处理基金补贴标准》中所列数据整理。

二、生产者自主承担责任模式

该模式下生产者自建产品逆向物流体系，直接从事废弃产品的回收处置和再利用。目前，我国对生产者独立承担回收责任主要以鼓励和支持为主，并未强制实施。多数中小企业由于实力所限无力承担该责任模式。只有长虹、TCL、格力等大型电器电子生产者采用该模式，真正实现了资源、产品、资源的闭环循环利用，有效降低了交易费用，提高了资源利用价值，为中国 EPR 制度的完善奠定了良好的行业基础。其中，长虹的产业链最完整，EPR 实践的成果也最突出。

自 2000 年起，长虹就开始进行绿色制造技术和节能减排技术的研究与应用，目前已在产品节能、绿色材料、清洁生产和再资源化等方面形成了一大批科研成果，并孵化出西南地区最大的废旧家电回收、拆解、再资源化企业——长虹格润环保科技股份有限公司（原长虹格润再生资源有限责任公司）。其初步打造出具备长虹特色的"绿色设计－绿色制造－绿色销售－绿色回收－绿色拆解－绿色再生－产品回用"的全封闭一体化商业模式，实现了"动脉"（产品市场流）和"静脉"（资源再生流）协调发展的长虹 EPR 体系。长虹的 EPR 体系主要由绿色制造、绿色回收体系、绿色拆解再资源化、电子产品和关键部件再制造，以及再生资源的利用五大部分构成，覆盖到家电产品全生命周期的各个阶段。2014 年以来，长虹完成了 355 万台的废弃电器产品回收拆解，实现回收废旧塑料约 1.9 万吨、铜金属 0.35 万吨、玻璃 2.3 万吨，实现经济效益 4 亿元。

2017 年，国内绿色制造产业步入新里程。工信部分别于 2017 年 9 月、2018 年 2 月先后发布两批，包括绿色设计产品 246 种、绿色工厂 408 家、绿色园区 46 家，及绿色供应链管理示范企业 19 家，财政部对绿色制造系统集成的项目企业给予了资金支持，包括长虹、海尔在内的诸多生产者开始构建产品的绿色回收处理体系。由生产者主导的绿色设计、绿色生产、绿色销售、绿色回收与处理模式崭露头角。

三、生产者与第三方联合责任模式

2015 年，目录产品从 5 种（"四机一脑"）增加到包括手机、固定电话、打印机、复印机等在内的 14 种，随着越来越多不同种类、不同特点的电器电子产品纳入《条例》管理，现有的延伸责任集体承担模式的 EPR 制度急需完善和扩展。现有的集体模式的 EPR 制度急需完善和扩展。为了探索和完善适合不同电器电子产品特点的 EPR 制度实施方式，完善相关标准规范体系，积极引导生产者在电器电子产品生态设计、生产、回收、资源化利用等环节的主导作用，推动大数据、物联网、云计算等新技术在产品全生命周期管理中的应用，探索直接回收、联合回收、委托第三方回收等多种 EPR 实施方式，推动再生资源产业发展，促进电器电子产业绿色转型，2014 年工信部节能与综合利用司开展了"工业领域 EPR 制度试点实施方案及政策研究"，在广泛调研和征求专家意见的基础上研究制定了《电器电子产品 EPR 试点方案》。2015 年 6 月 29 日，工信部与财政部、商务部、科技部联合下发《关于组织开展电器电子产品 EPR 试点工作的通知》（工信部联节函〔2015〕301 号）。2016 年 2 月，最终共有 17 个试点项目纳入第一批电器电子产品 EPR 试点名单，其中包括 15 家制造企业（含 2 家再制造企业）、以及 2 家协会。

第四节　我国废弃电器电子产品 EPR 制度缺陷

一、处理基金管理尚需进一步规范化

基金制度体现了我国 EPR 制度的重要内容。处理基金制度下，我国废弃电器电子处理行业获得了长足发展。然而，经过多年的运转，也逐渐暴露出一些问题。

首先，基金制度对电器电子产品实施效果的不同差异日渐凸显。2014 年，我国废电视机回收处理的政策拉动效果明显，约占处理产品的 90%，而废房间空调器的处理数量则不到 1%。据《中国废弃电器电子产品回收处理及综合利用行业白皮书 2018》调查显示，由于各地区经济发展的差异化，废弃物处理成本也存在差异，导致废弃物回收价格不同，其中废房间空调器回收价格受地区影响的差异最大。

其次，处理基金补贴效率较低。由表 4-2 可知，2012 年以来，处理基金征收与拨付虽总体保持平衡，但各年度征收与拨付并不均衡。事实上，由于基金补贴审核过程烦琐、周期较长，导致回收处理企业在运营期间不能及时得到资金补充，需要垫付大量经营成本，一定程度上存在"寅吃卯粮"的现象，随着加入废物管理系统的类目越来越多，基金运行的成本也越来越大，加重了企业的财务负担。一些企业做了减产处理，调低废弃电器电子产品处理能力以保资质。

再次，处理基金补贴品类太少。据刘海清（2018）等调研福建省宏源废旧家电回收处理有限公司所知，目前非基金类电子废弃物回收量大大超过基金类废弃产品量，由于没有基金补贴，广大正规回收企业无力处置非基金类电子废弃物，导致其多数流向非正规拆解作坊。2012－2017 年废弃电器电子产品基金征收与拨付金额见表 4-3。

表 4-3　2012－2017 年废弃电器电子产品基金征收与拨付金额（亿元）

	2012 年	2013 年	2014 年	2015 年	2016 年	2017 年
基金征收	8.5	28.1	28.8	27.2	26.1	28.1
基金拨付	0	7.5	33.9	54.0	47.1	0.7

数据来源：《中国废弃电器电子产品回收处理及综合利用行业白皮书 2017》。

二、延伸责任承担不完全

除长虹、格力等少数生产者采取独立承担或与第三方联合承担模式履行延伸责任外，大部分生产者采取的是处理基金制度下的集体责任模式，根据产品类别向政府管理的基金按季缴纳同等标准的回收处理基金，仅仅强调生产者的经济责任，不承担实际回收和拆解处理、利用的物质行为责任。

由于没有严格规定生产者废弃物回收的物质行为责任，废弃物的回收处理成为企业的自愿性行为，销售者、消费者也缺乏主动协助回收废弃物的意识与行为，废弃电器电子产品的回收处理完全由市场自发调节。与此同时，非法正规回收企业对于具有 EPR 制度约束的正规回收处理企业造成极大的竞争压力。正规回收处理企业的回收渠道主要依赖第三方回收商，付出的经济成本难抵废弃物资源价值，伴随着物价上涨与回收人员成本持续升高，越来越多的回收从业人员退出回收行业。

近年来，伴随生产者延伸责任试点工作的开展，第三方回收处置模式逐渐推进。然而，第三方企业对于 EOL 产品回收处置并没有相应的执行标准，《废弃电器电子产品回收处理管理条例》中仅提出废弃电器电子产品经营者可采取多种形式提供方便快捷的服务，但是基于产品报废数据缺失，特别是回收产品信息追溯和管理体系的缺失客观上造成了第三方模式推进较慢，整体回收规模占总体废弃物回收比例较小。利益最大化原则下，由于各品类产品残值程度不一，导致各种类产品回收数量存在不均衡现象，据才宽（2019）调查显示，目前正规回收处理企业进行回收处理以电视机为主，而空调等由于残值高等原因很难得到回收处置。对于 EOL 回收处置程度及要求同样缺乏标准，《条例》中只是指示性的提出要符合国家资源、环境、劳动和保障人体健康要求等。利益驱动下，回收处置过程中，大部分企业拆解过程中以整机拆解为主，对拆解出来的零部件和二次材料再利用不足；更为严重的是，由于我国尚未建立拆解产物无害化处理的追踪管理制度，有些拆解产物进入处理企业后，又重新流入市场，带来较大的环境风险。

集体生产者延伸责任可带来规模经济，是最简单的有效降低成本的责任承担方式，也是诸多发达国家 EPR 制度实施中的普遍模式；但是，该模式下生产者仅按产品类别缴纳无差别的产品处理基金，事实上打击了那些采取产品生态设计而承担较高成本的依法承担延伸的生产者的积极性。为此，单纯以经济责任代替废弃物回收处置的行为责任，直接导致了生产者环保意识薄弱，在产品设计、提高回收率和废弃物无害化拆解处理等方面无法形成有效激励。

三、消费者、销售者参与程度低

在目前的 EPR 制度实施过程中，EOL 产品回收依赖于消费者自发的环保行为。主要的激励来源于活动派发的小礼品，优惠券等低报酬物质奖励和政府、第三方等宣传培育的环保道德激励，总体激励成效较弱，环保回收率偏低。消费者、销售者主动参与废弃物回收工作很少。由于大部分消费者对废弃电器电子产品潜在的环境问题认识不足，再加上长期以来收旧利废的传统，对废弃物绿色回收、正规回收认知度不高，依旧选择回收价格高的回收者进行废弃；还停留在政府宣传引导，提高环保意识阶段。具体表现在消费者在生产者延伸义务中不履行任何的辅助责任，造成了电子废弃物的不正规流向问题。目前，我国民间环保组织数量较少，行业协会、中介机构等在推进 EPR 实施过程中的影响作用有限。政府在制度建设与实施过程中虽然意识到了消费者参与的重要性，并在一些政策法规中对消费者参与做出了相关规定，但并未将其作为责任主体看待。我国现行的 EPR 基金管理制度较之前的污染管控制度最大的进步在于让生产者为其产品造成的污染负责，通过收缴一定的费用补贴给处理企业来减少污染，而处理企业很难直接从消费者（或销售者）手中回收电子废弃物；制度设计中并未实现产品经生产者生产、销售者售出、消费者使用废弃、处理企业无害化处置等各环节上的有机联系，利益相关的生产者、销售者、消费者、处理行业之间，以及政府作为管理者等各主体之间的责任利益分配机制相对缺乏。现行的处理基金制度事实上将消费者排除在了 EOL 产品回收处置利用的循环体系之外，相对缺乏激励消费者参与的制度设计。

第五节　本章小结

（一）阐述我国电器电子产品行业发展总体概况，近年来我国电器电子产品产量巨大，各类产品年度增量不同，其中彩色电视机、房间空调器和手机产量增幅较大。城镇、农村居民家庭百户电器电子产品拥有量逐年上升，城镇拥有量总体高于农村，但农村手机的拥有量已超城镇。

（二）阐述我国废弃电器电子产品 ERP 制度建设与运行成效。基于我国废弃电器电子产品数量快速提升、不规范的回收利用体系及发达国家电器电子产品 ERP 立法的影响等多层面因素的影响下，我国 2009 年正式颁布《废弃电器电子产品回收处理管理条例》正式施行处理基金制度下的 EPR 制度。《条例》实施以来，废弃电器电子产品处理产业发展迅速，回收模式多元化发展，资源环境效益日益显著，废弃电器电子产品处理技术快速发展。

（三）分析废弃电器电子产品延伸责任承担模式。调研发现，目前废弃电器电子产品领域 EPR 制度实施以处理基金模式为主，长虹、TCL、格力等大型企业自主承担模式，及工信部生产者延伸责任试点工作推动下，生产者与第三方联合等三种模式，为我国 EPR 制度建设与实践积累了丰富经验。

（四）调研中发现，处理基金模式下的 EPR 制度建设与实施存在诸多问题。一是基金管理需进一步规范化，处理基金针对不同种类的产品实施效果呈现差异，基金补贴审核周期长导致整体效率较低，目录产品种类太少，明显不能解决实际废弃物的回收处置问题；二是处理基金模式下生产者单纯以经济责任代替废弃物回收处置的行为责任，无法实现对产品前端源头预防、产品末端无害化处置形成连带激励；三是 EPR 制度实施中消费者、销售者参与程度较低，现行制度缺乏消费者、销售者参与的激励制度设计机制。

第五章 我国废弃电器电子产品 EPR 政策工具研究

生产者履行延伸责任必然会增加企业成本。EPR 制度下生产者是否能够主动承担延伸责任，主要在于 EPR 制度下约束管制与激励政策工具设计与创新性管理模式；生产者选择承担延伸责任时，选择哪种回收模式将影响生产者等利益相关者自身的收益。本章在已有文献基础上，提出了我国废弃电器电子产品领域应改进的激励政策工具，深入剖析每种激励政策下相关行为主体的行为反应，提出生产者可选择的回收模式类别，针对每种模式的特点，揭示不同政策工具组合作用下各主体收益最大化行为选择机理。

第一节 EPR 政策工具及激励机理分析

EPR 作为一种宏观的解决环境问题的理论，主要在于如何通过政策工具传导至各责任主体微观层面。本节拟基于个体理性假设的基础上，探讨政策工具激励与个体利益最大化原则驱动下各主体如何采取有利于废弃物回收再利用的行为。

一、标准管制政策及激励原理

在没有政府干预的情况下，生产者主要按照利润最大化原则，依据市场进行经济决策，而不会考虑自身行为的环境效益。如果 EOL 产品再利用价值超过回收处理费用，则生产者将会积极主动履行 EPR 责任，从中获取收益；反之，则不会主动承担延伸责任。而标准管制政策则是对企业资源加以限制的一种手段，是政府管理部门从社会整体角度出发，依据社会福利最大化的原则而制定的管制标准。

如 EOL 产品回收率标准、可循环性指标、生态设计标准等。要求企业达到法定的管制标准，否将将施以经济惩罚，从而激励企业调整自身决策行为。

EPR 本质上主要是对产品末端的回收处置进行约束，从而实现生产者对产品生命周期前端设计阶段的激励，以减少末端产品处置成本，最终实现有废弃物的无害化处置与资源化利用。但标准管制政策有时也会直接对产品从设计阶段就加以约束，比如对原材料的可循环性、减量化的标准限制等，从而实现有害物质减量化，最大限度地减少废弃物产生。因此，从理论上来看，标准管制政策对生产者的行为具有很强的直接的约束。另一方面来看，管制政策的有效实施是基于严格的监督管理的，巨大的监督成本、运行成本等问题的存在可能导致管制政策的运行出现问题，从而削弱对企业行为的激励。

二、补贴政策及激励原理

一般来讲，针对外部经济效果的市场失灵，通常采取两种经济调节机制：对产生负的外部性行为的生产者征收恰好等于其边际外部成本的税收作为惩罚，而对于产生正的外部性行为的生产者则给予补贴进行激励。主要是因为当企业的生产活动产生了负的外部性时，生产者的私人成本和社会成本之间将存在着差距，这个差距称为外部成本，政府为纠正生产者私人成本实现资源配置的有效率，一般通过对生产者进行征税来弥补外部成本的差距；当生产者的生产活动产生了正的外部性时，往往会招致其他生产者搭便车的行为，此时生产者的边际私人收益将小于边际社会收益，供给不足导致的市场失灵将导致资源配置的无效率，政府将通过经济补贴的方式补齐与边际社会收益的差距，以恢复正常的市场秩序，使得市场均衡达到社会最优。

实际生产中，生产者对产品设计的生态改进、对 EOL 产品高回收率、EOL 产品拆解高环保化水平、EOL 产品循环再利用等过程中均产生了正的外部性，为将生产者生产中产生的正外部性内部化，政府机构须以补贴形式对产品生态设计等行为进行补贴。假设政府按照生产者 EOL 循环利用数量进行补贴，如图 5-1 所示。

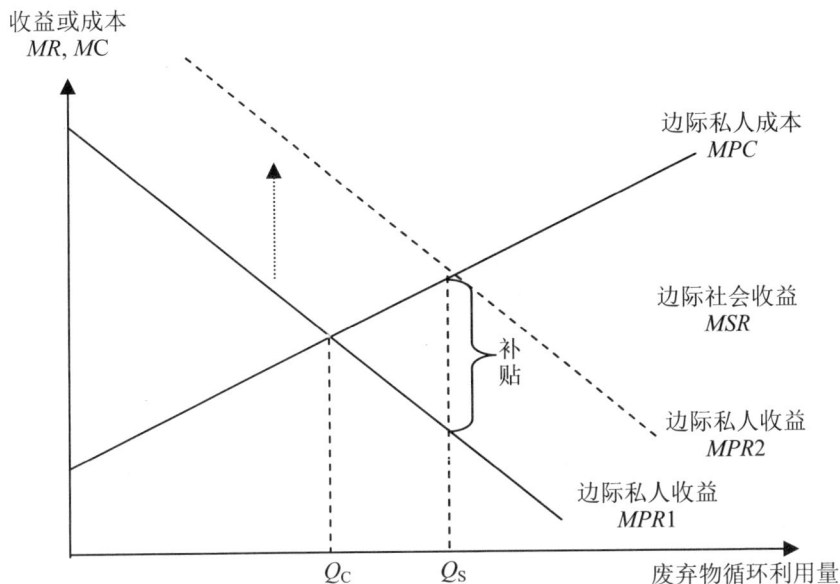

图 5-1　废弃物循环利用量补贴政策作用机理

　　正常情况下，生产者根据 $MPR=MSR$ 的原则决定其最优产量 Q_C；当存在外部性，且外部性为正外部性时，生产者收益不仅包括生产者的私人收益，还包括社会其他人在生产中所获得的外部收益，此时边际社会收益 MSR 总体上大于生产者的边际私人收益 MPR。由图 5-1 可知，边际社会收益曲线 MSR 与边际私人成本 MPC 曲线相交确定的产量 Q_S 即为从社会总体福利最大化的情况的最优产量。由此可以看出，当存在正的外部性时，生产者利润最大化决策下的最优产量并非社会福利最大化的最优产量，外部性带来市场失灵。为了纠正正的外部性带来的市场失灵，政府需要对生产者每单位产出进行补贴，以弥补生产者的额外成本。补贴的数量即为图 5-1 所示差距，从而使得生产者的边际私人收益曲线 $MPR1$ 向上平移至 $MPR2$（平移量为补贴量），此时生产者的边际私人收益曲线就与边际社会收益曲线完全重合，市场均衡达到最优，实现资源配置帕累托最优。

三、押金—退款政策及激励原理

押金—退款政策的实施对象可以是生产者，也可以是消费者。对消费者收取一定的押金，当其将潜在的污染物返还回收时便退还押金，即押金即为资金的转移，当相关废弃物得到返还时的退款则是对"支持环保的奖励"，减少回收成本，实际是以经济激励换取消费者协助返还废弃物；对生产者而言，当消费者未返还废弃物时，押金将作为对消费者的惩罚予以没收，充分体现"污染者付费原则"，收费即为"对不环保行为的惩罚"，运用市场机制将污染付费与监控成本的内在机制有效结合在一起。

电子废弃物作为耐用消费品，经较长时期的使用后物理形态不会发生太大变化，同时因其具有较大的潜在污染性，且仅剩余很少的经济价值，消费者具有随意抛弃的可能性，有可能造成较大的环境污染，增加社会处理成本。同时，电器电子产品的使用分散在千家万户，废弃物的监管和管理成本较高，可能出现较多的非法处置问题。对消费者采用押金—退款政策激励消费者主动返还，将是一个比较适合的政策。Palmer 等（1997）认为，对于任何固体废弃物来说，押金—退款政策都是一种最有效率的政策。

在图 5-2 中，横轴代表废弃物排放占总废弃物处置行为的百分比，纵轴代表污染治理的成本。边际私人成本包括垃圾容器的成本费、废弃物的装运、堆放等收集费用，以及非法处置废弃物的成本等。边际社会成本是在边际私人成本基础上再加上由于不当处置的废弃物对环境所造成的损害成本。随着废弃物排放数量的增加，边际私人成本曲线 MPC 呈现逐渐上升趋势；而伴随着废弃物不当处置造成的环境损害日益增大，边际社会成本曲线 MSC 呈现急剧上升态势，MPC 与 MSC 曲线均向右上方倾斜，且 MSC 上升的速度快于 MPC。

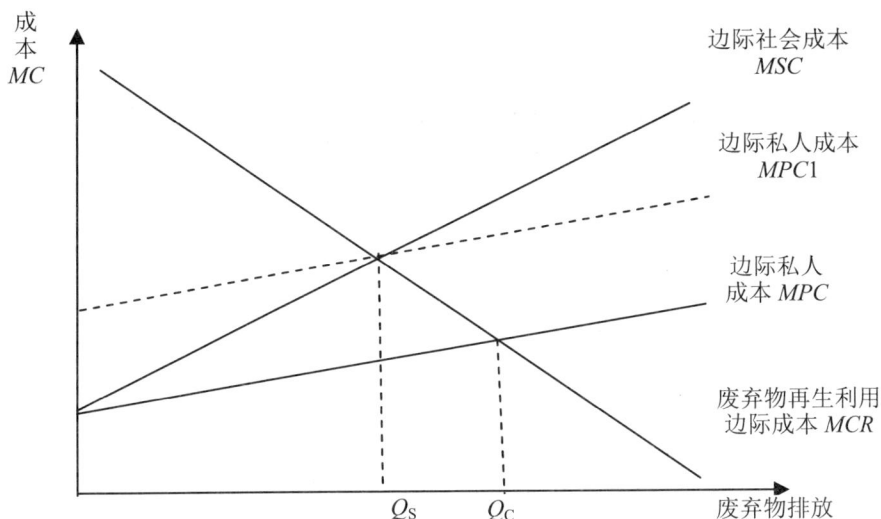

图 5-2　押金-退款对废弃物排放的影响

假设不存在外部收益，则私人外部收益与社会外部收益相等。当废弃物的边际损害费用等于边际控制费用时，废弃物处置达到效率均衡点，社会净效益最大。此时，边际成本曲线（MPC 与 MSC）与废弃物再生利用边际成本曲线 MCR 交点处的废弃物处置比例最经济有效。由于边际私人成本 MPC 小于边际社会成本 MSC，因此私人均衡点废弃物循环再利用量 Q_C 小于效率均衡点水平 Q_S。为了纠正负外部性，实施押金退款政策，押金带来额外的废弃物处置的私人成本——没有拿回押金的机会成本，使得私人边际曲线 MPC 上移，当非法处置废弃物的成本较高时，将会增加再生利用，直到达到社会最优水平 Q_S，MPC 上移至恰好达到效率均衡点的 MPC1 处。

具体实施过程中，根据制度的来源与废弃物性质不同押金制度可分为市场机制下的市场型押金制度和根据法律形成的强制押金制度两种。市场型的押金制度主要针对具有较高回收利用价值的废弃物，由生产者自行设立押金，依靠市场机制对废弃物回收重复利用；强制型押金制度则主要是针对那些具有较低回收利用价值或无价值，但具有较大环境影响的废弃物，为保证其回收目标，由法律规定的押金制度。

四、物料回收认证政策及激励原理

目前，国外发达国家基于 EPR 的电子废弃物回收处理体系的运作主要是面向回收处理量的，由于回收者为节省人工分离时间和节省处置危险物品的成本而面临彻底清除污染的经济约束，目前基于输入的回收处理的薪酬激励机制不鼓励环境无害的回收实践，因为在这样的报酬机制下，高质量的回收不会给回收者带来回报，在生产者的成本压力下，回收质量很可能会降低。与此同时，废弃物最终处理的环境绩效并没有与产品生命周期前端的环保设计联系起来。生产者所承担的废弃物回收处置的经济责任与最终废弃物的处理效果无关，因此，生产者的经济责任并没有起到促进其改善产品设计的作用。为充分考虑再循环利用体系的环境表现和影响，确保回收处理效果，执行电子废弃物回收处理质量标准并彻底监测其遵守情况是极其重要的。为此，应设计一种（竞争）系统，使回收者面临的总体经济激励结构以一种对回收者实现污染和回收标准最有利的方式构成。为此，可参鉴国际上有关国家施行的物料评估认证证书（MRC）制度，对拆解材料回收进行评估认证可以帮助实现这些激励结构。

对废弃电器电子产品回收拆解处理的水平、处理深度（指拆解资源二次使用率）和除污性能（指拆解过程中未能被处理的危险废物被转移到生态系统中的比例）等方面进行考核。回收处理企业将回收处理后再生资源的数量和质量等数据传送给政府相关监管机构，由监管机构负责受理物料评估认证并发放回收证书，回收企业使用物料回收证书为其业务进行再融资，以一定数量的产生的二次物料申请并出售 MRCs，生产者则可以通过购买证书完成废弃电器电子产品回收处置的经济责任与再生资源的循环利用等履行 EPR 义务。

MRC 证书方式改变了以往集体方法中按输入处理付费的方式，是按照实际回收服务的特点，即以废弃电器电子产品回收产出的标准进行付费。一方面，材料回收证书是回收商在废物管理领域行为的一种融资和激励机制。另一方面，MRCs 是生产者证明 EPR 合规的手段。生产者在 EPR 系统中支付的当前盛行的面向输入（及回收处理量）的费用被 MRC 系统中证书支付机制所取代。因此，每个 WEEE 生产者的 EPR 负担主要取决于生产者在 EPR 方法下应该获得或资助的 MRCs 的数量。

实践中，只有当生产者的个人经济负担取决于其产品的设计特性时，才会产生有利于环境的产品设计的经济激励。在当前的 EPR 系统中并非如此，而 WEEE 的任何其他物理（个人或集体）责任也不太可能实现这种激励。然而，在 MRCs 方法下，以回收的 EOL 产品性能特征可直接区分生产者产品的环保性，这被称为"虚拟产品设计反馈"，因为差异化是基于对产品特性的模拟或预测，而不是基于产品在使用阶段和生命末期的实际命运。

总体上，物料回收认证政策主要目的在于强调回收处理质量的提高，减少环境影响度，提高资源二次利用效率，激励利益相关者采用环境友好的回收处理技术，提高处理质量、激励生产商采取环保设计。同时，物料回收认证证书也是一种支付机制，生产者通过购买证书，履行其经济责任就能完成延伸责任承担。

以上对 EPR 各类管制政策与经济政策工具激励原理的经济学分析，可以发现，通过政府政策工具的宏观干预，改变了企业的边际收益或边际成本，解决了环境外部性导致的市场失灵问题，使得企业可以在遵循利润最大化的原则下，实现废弃物回收利用的最优效用水平。然而，政策工具的有效性最终需要通过顺利传导至 EPR 各责任主体，通过对其产生决策效应才能最终实现废弃物的环境治理效果。

第二节 我国废弃电器电子产品延伸责任激励政策工具设计

一、标准管制政策

目前我国 EPR 政策实施还处于起步阶段。EOL 产品总体上以消费者按一定的市场价格进行出售，以个体回收为主要渠道，自发形成的回收、处理和再利用的产业体系主体众多，秩序混乱，监管难度大，EOL 规范无害化处置和利用任重道远。客观上要求目前的处理基金制度强化规范化回收、无害化处置和生态化设计的制度建设。

1. 执行法定回收率

参鉴发达国家 WEEE 回收处置经验可以看出，设定回收率指标是有效激励生产者承担 EOL 产品回收的重要制度设计。国务院于 2016 年 12 月印发的《生产者责任延伸制度推行方案》中对回收利用工作提出明确目标："到 2020 年重点品种的非其产品规范回收与循环利用率平均达 40%，2025 年要达到 50%"。为此，在制度设计中需要根据各类电器电子产品的环境与使用特征计算出相应的法定回收率标准。激励生产者和进口商为达到目标积极拓展回收渠道，担当起整个废电器回收流程的主导者。

具体施行过程中，以法定回收率为基础的回收要求，当企业未实施 EPR，政府将对其收取足够大额度的罚金；当企业回收率未达到法定标准时，政府将向生产者收取未完成部分的罚金；如果企业实际回收率超过法定标准，为激励企业继续从事 EOL 回收，政府将对超出法定回收率的部分进行奖励。

2. 设定生态设计等级

产品的生态化设计是延伸责任的重要方面。目前发达国家 EPR 实践中并没有将 EOL 的回收处理绩效与产品的环保设计联系起来。EPR 的实质在于，通过 EOL 回收处置责任的配置来影响生产者的设计决策，通过产品的设计决策以减少产品生命周期末端的处理成本。而目前的处理基金制度下，生产者经济责任与 EOL 处置效果无关，没有实际促进生产者改进产品设计的作用。为此，EPR 制度建设中须强化对环保设计和环保处理的激励。对企业生产的产品设定一定的环保标准，对未达到环保标准的产品生产者进行经济惩罚，对环保等级较高的产品生产者予以奖励。

3. 施行拆解处置物料回收标准

现行处理基金制度中，虽然对废弃电器电子产品回收处理企业实行了资质管理制度，具体实践中，多数处理企业以整机拆解为主，缺少对拆解部件和回收材料的进一步处理；有些拆解产物进入处理企业后，又重新流入市场，带来较大的环境风险。为此，现行制度基础上需强化拆解产物无害化处理的监督管理制度。针对拆解处置企业对电子废弃物处置的环保程度进行评估以激励处置企业采用环境友好的回收处理技术，提高处理质量。在目前的技术水平下，设定各类 EOL 产品拆解处理过程中必须达到的物料处置水平。对于未达到法定物料处置标准水平的拆解企业，政府将给予一定的经济惩罚，对于超过法定物料处置标准的拆解企业，政府将给予经济奖励。

二、产品环境评估认证政策

现阶段的 EPR 处理基金制度，更多关注于生产者的废弃物的回收处理责任，而忽视了生态设计与绿色生产激励。产品是否是生态环保的，是否有利于再次循环利用，生态环保程度如何，需要结合评估得到相应的奖惩。

对于产品的环保程度或绿色程度的界定，诸多学者进行了探索。产品绿色度是伴随"绿色产品"（environment conscious product）衍生出来的概念，清华大学向东博士认为"绿色产品"是指能够满足用户功能要求，并在其原材料制备到产品报废后回收处理再利用的整个生命周期中节省资源、最小化环境污染，并能保护人类健康的产品；对于"产品绿色度"的界定并无统一定义，通常包括产品所使用原材料、零部件兼容性及可回收性、废弃物可循环使用率、能耗及温室气体排放等因素。为便于废弃物回收再利用，德国研究机构基于电子产品特征提出再循环证（recycling pass）的概念，规定生产商提供其产品的结构、用料（尤其是有害物质成分）、拆解方法、回收处理要点等信息，为处理商提高处理质量和效率提供信息。

美国环保署（EPA）在 2006 年推出电子产品环境影响评估工具（electronic products environmental assessment tool，EPEAT）。该项工具基于 EPR 原则，对电子产品全生命周期的多方面环境绩效展开等级化评估。EPEAT 的标准主要由"减少/削减对环境有害物质的使用、原材料选择、产品生命期末设计、延长产品生命周期、能源节约、产品使用寿命期后废弃管理、企业执行绩效、企业执行绩效"八大类标准构成，分为必要性准则和选择性准则，涵盖了电子产品全生命周期的环境性能。生产者根据自身条件自我声明、自我承诺，并对标准的符合性进行负责，由第三方抽查核证，最终评定为金、银、铜三个等级。EPEAT 的认证结果可以作为评价电子产品环保性能的依据。

为推进我国电子产品环境影响评价，中环联合（北京）认证中心有限公司（即国家环境保护部环境认证中心）与美国绿色电子委员会签署了电子产品环境影响评价工具合作谅解备忘录。2012 年，中国电子技术标准化研究院与 EPEAT 签署合作协议，正式成为 EPEAT 在全球开展产品注册与核查工作的产品注册机构，为我国电子制造企业提供国际认证服务。目前 EPEAT 主要适用于台式电脑、手提电脑、电脑显示器、影像设备产品、电视机、手机等产品，并将逐渐扩展到白色家电产品领域。

目前 EPEAT 认证产品范围与我国废弃电器电子产品处理目录并不一致，种类明显偏少。为将我国 EPR 制度向供应链上游延伸，激励企业从源头开始，开展产品生态设计、绿色生产，提高产品环保程度，EPEAT 认证可与我国电子废弃物 EPR 制度相结合，对于 EPEAT 产品种类范围内的可参照其评估等级，对于未在其产品范围内的产品，应参鉴以上关于产品生态环保测评要求，实施产品环境评估认证制度。具体可参照 EPEAT 标准，重点就减少对环境有害材料的使用、原材料的选择、产品环境化设计、延长产品使用年限、节约能源、废弃产品管理、企业环境绩效，及产品包装等方面开展产品的环境性能评估。认证结果可作为生产者延伸责任履责的凭据之一，同时作为享受等级财政补贴的凭证。

三、物料回收认证政策

EOL 产品回收处理的质量标准及其执行应该具有明确定义，否则达到政策要求的成本和效率将会不一致。当回收处置的激励机制不鼓励环境无害的回收处理实践时，回收企业将为节省人工分离时间和节省处置危险物品的成本而面临彻底清除污染的经济约束，因为在这样的报酬机制下，高质量的回收不会给回收者带来回报，在生产者的成本压力下，回收质量很可能会降低。

我国《条例》虽然建立了废弃电器电子产品处理企业资格许可制度，要求处理企业建立完善的台账制度和拆解产物的管理制度，同时也对处理企业的场地、设备、人员、磅秤、视频系统等提出了详细的规定。但是，目前对电子废弃物的回收处理仅仅强调了回收处理量，对于废弃物最终拆解处理的环境表现和影响却考虑不足。目前的经济制度对环保处理的激励作用不够，没有真正激励处理商采用环境友好的处理技术。

因此，为确保回收处理效果，执行废弃电器电子产品回收处理质量标准并彻底监测其遵守情况是极其重要的。为此，应针对 EOL 产品拆解的环保程度构建物料回收认证评估体系，以实现污染减量化和资源的高效利用。物料回收认证以废弃电器电子产品回收处理水平、处理深度（进料的多少被反馈到循环中，再应用的水平）和除污性能（有多少危险废物被转移到生态系统中）等指标对 EOL 产品拆解物料环保程度进行评估。具体评估过程中，回收处理企业将回收处理后再生资源的数量和质量等数据传送给政府相关监管机构，由监管机构负责进行物料回收评估认证，并发放认证证书，回收处理企业使用物料回收证书为其业务进行再融资，将产生的一定数量的二次物料进行出售，生产者可以通过购买证书完成废弃电器电子产品回收处置的经济责任与再生资源的循环利用等延伸责任。当拆解物料未达到法定认证标准时，将受到政府监管机构的经济惩罚。

四、激励补贴政策

生产者对于 EPR 制度的自觉主动地践行，一方面来源于政府规制政策的强制性，另一方面，更重要地源于市场导向下的经济激励政策。我国于 2018 年 1 月正式实施第一部"绿色税法"——环境保护税，与消费税、资源税与城市维护建设税在制度设计目标与资源节约、环境保护成效作为契合，成为调控自然资源开发与利用和环境保护的绿色税收制度的雏形。其他法规中也充分体现了在生产者责任延伸制度中税收制度的灵活运用。譬如《清洁生产促进法》《循环经济促进法》《国家鼓励的资源综合利用认定管理办法》（2006 年修订）、《企业所得税法》（2007 年主席令第 63 号）等法规中也有相关减免税收的优惠政策。但是，目前税收制度中体现的"绿色"优惠政策方式主要局限于"减税"和"免税"，相对欠缺运用投资退税或延期纳税等间接优惠方式；在税收政策优惠对象适用范围上，对于企业绿色技术创新支持，以及绿色环保产业发展方面的优惠相对不足。对于促进废弃电器电子产品生产者采用生态化设计与废弃物最终的无害化处置缺乏相应的制度设计。

为实现 EPR 的激励效应，将产品全生命周期的环境影响纳入到产品设计、原材料选择、EOL 回收、EOL 拆解处置等具体过程中，建设各阶段的资源消耗和环境污染。为鼓励生产者严格落实延伸责任，对超额完成法定回收率标准的企业实行补贴；激励企业进行生态化产品设计，减轻产品末端处置成本，配合产品环境评估认证制度，依据产品的环保程度，对生产者进行专向补贴；为鼓励拆解处理企业采用环境友好技术，提高拆解物料再利用效率，配合物料回收认证政策，对超物料回收认证标准的企业进行专项补贴。

补贴方式可以是直接的金钱补贴、税收优惠或信贷财政优惠，按照产品的生态设计水平、EOL 回收水平与 EOL 物料拆解无害化水平给予相应补贴，以弥补生产者因承担延伸责任而增加的成本支出。

五、押金—退款政策

消费者作为电器电子产品的最终受益者与电子废弃物的直接抛弃者理应承担电子废弃物循环利用处置的相关责任。按照国际实践，消费者不仅具有主动返回 EOL 产品的物质责任，还需要负担处理费用，主要有以下两种方式：一是预付费模式，可以采取处理费计入产品价格的价内回收处理费或单独另交的主动回收保证金；二是在 EOL 产品废弃时支付的后付费模式。然而，长期以来，我国民众生态环保意识一直处于比较低的水平，对于消费废弃后的产品，特别对于具有较大回收利用价值的废弃电器产品的处置上，多数人倾向于追求较高的剩余价值，将 EOL 产品出售给出价较高的非法回收处理者。如何激励消费者自觉主动地返还 EOL 产品成为 EPR 实施的关键环节。从可操作性和消费者心理考虑，短期内由消费者承担经济责任难以实现，为激励消费者主动返还电子废弃物，可采用押金—退款政策加以过渡，待消费者环保意识逐渐增强后再考虑采用价内回收处理费或废弃物废弃时后付费等方式。

虽然多数废弃电器电子产品具有较高的回收利用价值，根据押金—退款政策特征，可选择使用市场型的押金政策，但是废弃电器电子产品中还有部分回收利用价值较低，但对环境影响较大的产品，对于这些产品的回收则必须采用强制押金政策。为此，综合来看，为达到法定的回收目标，对废弃电器电子产品都应采取强制性的押金—退款政策。建议生产者在产品销售时必须征收押金，生产者可自身或委托销售者、第三方对消费者返还的 EOL 产品进行回收并退回押金。押金额一般采取定额法，押金额除了要高于社会边际成本外，由于我国 EOL 产品属于有价商品，所以押金额还要高于消费者出价；又因为长期以来我国已形成了利益导向下废弃物回收利用的完整的产业链，所以正规回收部门还面临非正规回收单位的竞争，因而押金额还要高于非正规回收单位出具的回收价格。

第三节 政策工具对利益相关方主体行为的影响机理

政策工具是否有效，一是取决于是否能够在利益相关方主体间顺畅传导，二是是否能够对责任主体产生影响。EPR 政策对产业链上各利益相关方的影响顺延产业链延伸方向，依次产生直接或间接的影响。为阐释政策工具的有效性，需要对各利益相关方的行为反应及其影响机理做出分析。

如图 5-3 所示，产品从生产、消费、废弃、回收利用的生命周期内，涉及的责任主体主要有生产者、消费者、回收处理者，本节将对政策工具下这三个主体的行为反应及反应机理进行分析。

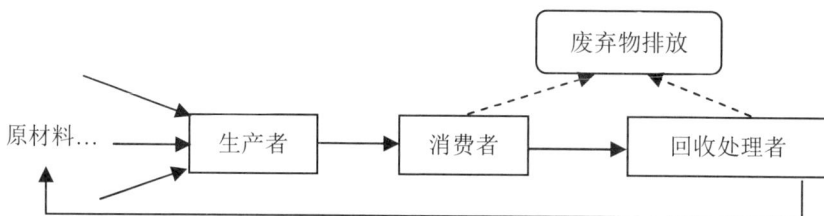

图 5-3 产品生命周期示意图

一、生产者行为分析

（一）产品设计阶段的行为分析

生产者的行为在产品生命周期内，主要体现在产品的生产、废弃物的回收与拆解利用阶段。产品的生产要基于一定的产品设计，在 EPR 政策的约束下，产品设计生态化水平越高意味着产品废弃后的废弃物拆解处理再利用成本 c_j^w 越低，所以，EPR 政策下要求生产者承担废弃物回收处理的延伸责任，本质上就存在着生产者改善产品设计的激励。生产者进行产品设计时将基于自身利益最大化的原则进行选择，主要考虑产品设计成本 c_a^d、产品的生产成本 c 及生态设计下对废弃物拆解处理成本的节约等方面的影响；产品设计生态化等级 η 越高，意味着设计成

本 c_a^d、产品的生产成本 c 越高。当对产品设计不存在规制时，生产者将在现有的技术水平与市场机制下实现一个自发的产品设计水平 η，如果要提高产品生态设计水平，降低废弃物的拆解难度，提高拆解物料的无害化比率，将使得产品设计与生产成本增加。因此，企业遵循利润最大化原则，将着力降低生产成本和设计成本，企业缺乏提高产品设计等级 η 的驱动力。因此，没有产品设计的激励政策，企业不会主动提高 η 水平。当存在 EPR 政策规制时，要求生产者产品的环境评估认证必须达到 $\eta_{铜}$ 的等级，高于该等级将享受相应补贴 b_i，为了达到管制标准，生产者在进行产品设计时将从利润最大化的角度进行产品设计选择，即首先考虑产品设计成本、生产成本、生态设计对拆解处理成本节约三方面因素，实现某一实际的产品设计等级 η，当 $\eta = \eta_{铜}$ 时，则管制标准对生产者不造成任何约束，此时生产者进行产品设计的选择仅取决于以上三个因素；当 $\eta < \eta_{铜}$ 时，表明在利润最大化原则下，生产者进行的产品设计低于产品环境认证法定标准，此时生产者将综合考虑产品设计超过 $\eta_{铜}$ 标准时付出的成本与获得超环境标准政府补贴的综合收益，激励生产者提高产品设计生态化水平；当 $\eta > \eta_{铜}$ 时，表明在利润最大化原则下，生产者实际的产品设计已经高于法定标准，生产者将获得政府给予的产品生态设计等级补贴 b_i，那么生产者将有继续保持甚至提高产品生态化设计水平的驱动力。

（二）产品生产阶段的行为分析

生产数量 q 的产品需要一定的原材料，原材料的选择可以是初始原材料，也可以是再生材料，或者二者的混用。EPR 政策下，生产者在原材料选择时将基于自身利益最大化的原则进行选择，主要考虑产品生产成本、产品质量与对废弃物回收利用规制标准的影响。再生资源的品质与价格问题本质上与本书涉及的 EPR 政策没有直接关系，参考田海峰、孙广生教授（2016）对初始材料与再生材料之间关系的研究，假定再生材料对产品质量没有影响，生产者对两类材料的选择主要取决于其市场价格，也就是说，哪类材料有利于降低产品成本；或者说两者价格相同的情况下，哪类材料有利于提高产品品质就选择哪类材料。因此，本书中将对生产者这一行为的描述采取如下的处理方式：基于废弃电器电子产品拆解后部分零部件还可以重复使用，本书假定产品生产中使用再生材料生产产品将会节约成本 r。

（三）废弃物回收利用阶段的行为分析

为了实现废弃物的回收利用的规制标准，生产者在进行原材料选择时，其行为将直接与 EPR 政策工具有关。生产者在 EPR 政策下，面对的废弃物回收比率是一项法定标准 $\bar{\rho}$，也就是要求生产者的废弃物的回收利用必须达到 $\bar{\rho}$，生产者为完成管制标准，进行原材料选择时将在利润最大化原则下，首先从产品生产成本与质量的考量下实现实际的回收比率 ρ。当 $\rho = \bar{\rho}$ 时，表明法定回收率标准 $\bar{\rho}$ 未对生产者形成任何约束，此时生产者对原材料的选择仅考虑产品的生产成本与质量因素；当 $\rho < \bar{\rho}$ 时，表明利润最大化原则下生产者实际回收率 ρ 低于法定回收率标准 $\bar{\rho}$，此时生产者在选择原材料时，将在确保产品质量的前提下，提高再生材料的使用，以降低总成本，如此将激励生产者提高 EOL 产品的回收利用；当 $\rho > \bar{\rho}$ 时，表明在利润最大化原则下，法定回收率标准不但对生产者未形成任何约束，反而按照政策企业将享受超回收率单位产品补贴 n，在这种情况下生产者将有进一步提高回收率的经济驱动力。

生产者将回收的 EOL 产品进行拆解处理，并对再生资源进行循环利用，当对拆解物料环保程度没有管制时，生产者将在现有的技术水平与市场机制下实现一个自发的物料回收环保化水平 z。若要提高物料的环保化水平，必然要求采用环境友好程度更高的处理技术，使得拆解处理成本 c_j^w 增加，直接导致使用再生材料生产产品成本 c^r 增加，生产者使用再生材料生产产品节约的成本 r 下降，生产者利润下降。所以，在没有物料拆解环保化水平的管制政策时，生产者不会主动采用环境友好程度更高的处理技术。因此，需要对拆解处理后物料的环保程度采取标准管制政策。当生产者所面对的 EPR 政策工具中针对拆解物料环保程度是一种管制政策，要求物料回收认证评估标准必须达到 $\bar{z}$ 的等级，高于该等级将享受相应补贴 g。为了实现这一管制标准，生产者在对废弃物进行拆解处置的过程中将从利润最大化的角度对处理技术进行选择，将受到产品拆解处置成本 c_j^w 与使用再生材料生产产品节约的成本 r 两方面因素影响，实现某一实际的物料环保水平 z。当 $z = \bar{z}$ 时，则管制标准对生产者不造成任何约束，此时生产者进行废弃物拆解的技术选择仅取决于以上两个因素；当 $z < \bar{z}$ 时，表明在利润最大化原则下，生产者采取的处理技术导致拆解物料无法达到法定标准，此时生产者将综合考虑拆解物料环保水平超过 $\bar{z}$ 标准时付出的成本与获得超物料环保标准政府补贴的综合收益，激励生产者采用更环保的处理技术；当 $z > \bar{z}$ 时，表明在利润最大化原则下，生产者实际的拆解物料环保水平已经高于法定标准，生产者将获得政府给予的超物料环保标准补贴 g，那么生产者将有继续保持甚至提高废弃物拆解处理技术的驱动力。

二、消费者行为分析

消费者在 EPR 政策约束下，其对废弃物的处置行为主要体现在表 5-1 所示的几种处置方式的选择上。

表 5-1　消费后废弃物处置方式

处置方式	选择内容
合法处置	将废弃物直接进行排放，同时向政府监管部门缴纳处置费用
	将废弃物出售给正规的回收再利用处理企业
	购置产品时缴纳押金，废弃后返还指定回收点，取回押金
非法处置	将废弃物随意抛弃（偷排），既不获取收益也不为此付费，但面临着被罚款的可能性
	将废弃物出售给非法处理企业

由于环境改善对于消费者来讲属于公共物品，所以一般假设消费者从产品的循环中没有直接效用。在这种假设前提下，消费者更有可能选择将废弃物偷排或

出售给非法处理企业。在我国废弃物属有价商品，直接排放的可能性不大。当政府没有有效监管的情况下，即使选择直接排放，也将选择偷排，因为偷排没有罚款的情况下与直接排放支付给监管部门处理费用相比，付出的成本可能更低。我国消费者一般选择价格较高的购买者，正规回收处理企业由于需要采用环境友好程度较高的处理技术，避免环境的二次污染，因此用于购买消费者废弃物的价格一般低于非法处理企业，所以在我国废弃物目前的二元市场竞争体系下，在没有规制政策的情况下，必然使得消费者更多的将废弃物出售给非法处理企业，此时消费者将获得比出售给正规回收处理部门更高的收益。以上分析是基于政府没有进行严格监管的情况下，导致消费者偷排或出售给非法处理企业。

当政府进行严格监管，任何偷排将被抓获的概率很高，同时惩罚的力度足够大，消费者将更多选择直接排放支付处置费的方式，而不会选择偷排被罚款。如果政府对非法处理企业实行严格监管，对其购买废弃物的行为实施经济处罚，或者对正规回收处理企业进行补贴，将提高与非正规回收处理企业的竞争力。

我国消费者长期以来形成收旧利废的传统，这是对废弃物资源化利用的良好行为，但同时由于对废弃物环境影响认知、环保意识水平等仍处于较低水平，导致在对待废弃物处置的问题上，以自身利益最大化原则选择高价出售，进一步导致废弃物的不正规流向与严重的环境污染问题，最终造成社会整体福利降低。在环保意识较低的情况下，消费者在废弃物良好处置而得到环境改善的过程中没有得到直接效用；田海峰教授（2016）研究认为，随着环保意识的提高，消费者将在妥善处置废弃物的过程中得到额外的效用，这种效用可能表现为心理上的满足。这种效用足够激励消费者在不存在环境规制的情况下，更大概率选择将废弃物出售给正规回收处理部门，或者是直接排放支付处置费的处置方式。

那么，综合考虑，在我国消费者环保意识逐渐升高，消费者废弃物作为有价物品观念转变需要一定过程，对消费者采用押金－退款政策不失为在消费者环保意识提升过渡阶段较为科学、合理的规制政策。消费者在购置产品时支付押金 λ，待产品废弃后返还押金，在这一过程中消费者将付出机会成本 v。假设消费者将废弃物出售给非正规回收处理企业的价格为 κ，偷排或出售给非正规回收处理企业罚金为 x。政府严格监管下，消费者选择押金退款方式收益为 $(\lambda - v)$，出售给非正规回收处理企业收益为 $\kappa - \lambda - x - v$，选择偷排方式的收益为 $-\lambda - x - v$。相对来说，偷排的方式收益最小。只要政府选择合适的足够的押金额度，押金退款方式下获得的收益将大于非法出售方式。当无政府监管或政府监管不到位时，消费者将 EOL 产品偷排或出售给非法处理单位将不会受到处罚（罚金 x），消费者将以利益最大化原则，比较 κ 和 λ 的大小做出决策。此时，只要押金额 λ 高于非法回收企业给出的价格 κ，规制政策就是有效的。

因此，政府应该选择恰当的规制或激励政策来有效促使消费者承担废弃物返还的行为责任或缴纳处置费的经济责任。比如押金退款政策，当然也可以选择其他的政策涉及来有效促使消费者承担废弃物返还的行为责任或缴纳处置费的经济责任。比如，政府可以制定较高的偷排或非法出售罚金，提高正规回收处理企业的补贴使其提高购买价格等均可以达到效果。但是，以补贴方式提高价格方式将会大大提高政策成本。

三、回收处理者行为分析

回收处理者的行为主要体现在对废弃物的回收、拆解处理和再利用等三方面。在具体的 EPR 实践中，回收处理者可以接受生产者的委托从事生产者产品废弃物的回收利用，也可以是自主回收废弃物进行拆解处理出售再生资源（物料回收证书）。两种方式的不同点主要在于，回收处理者接受生产者委托进行的回收处理工作可能面对政府对废弃物回收率的规制，生产者交付一定的委托费用后，由回收处理者承担法定回收任务，并面临相应的财务风险或享受相应的补贴。

（一）接受生产者委托时的行为分析

当回收处理者接受生产者的委托对其 EOL 产品进行回收处理利用工作时，对回收处理者来讲，废弃物是生产的投入品，再生材料为其产出品。回收处理者作为赢利的主体，其经营活动主要受到 EOL 回收费用 c^k、EOL 拆解处理费用 c_j^w、再生材料价格 h，以及废弃物拆解处理效率 $J(\eta)$ 的影响。当没有政府的规制，对废弃物没有回收率标准，也没有超回收补贴的情况下，只有当废弃物的回收再利用能够产生赢利时，回收处理者才会将废弃物进行拆解再利用，否者会将废弃物直接排放。当产品的环保程度 η 越高，则回收处理者的拆解处理成本 c_j^w 越低，处理效率 $J(\eta)$ 越高。也就是说回收处理者的生产成本将伴随着产品的环保程度 η 的提高而下降，回收处理者更愿意接受产品环保程度高的生产者的委托，这将激励生产者改善产品生态化设计。这意味着，没有 EPR 政策的情形下，市场价格机制的传导也可以对生产者的生态设计形成一定的传导。但是，如果对于回收处理者来讲，回收再利用不能产生赢利时，回收处理者将不会从事该项工作，将回收的废弃物直接排放；或者对回收的废弃物选择性拆解处理，将其中资源价值大的部分回收利用，低值部分直接非法排放。以上两种情况正是我国长期存在的，非法回收企业采用低环保处理技术对废弃物进行部分拆解利用后，对大量拆解剩余物直接排放现象，导致严重的环境问题。

基于回收利用行为可能产生的负外部性大于正外部性，为纠正解决负的外部性问题，政府部门应该在 EPR 政策中对产品设计、回收率、物料拆解环保率等方面进行规制。当存在 EPR 规制时，回收处理者的经营活动除受到上述因素的影响外，还受到法定回收率 $\bar{\rho}$、法定产品设计水平 $\eta_{银}$、法定物料处置环保率 $\bar{z}$ 等因素的影响。要求回收处理者分别在回收率、物料拆解环保标准必须达到 $\bar{\rho}$、$\bar{z}$，超过法定标准将分别享受补贴 n、g。为了实现这一管制标准，回收处理者在对废弃物进行拆解处置的过程中，将从利润最大化的角度对废弃物回收率和处理技术进行选择。法定产品设计水平 $\eta_{银}$ 的规制将使得拆解处理费 c_j^w 下降，为提高物料拆解环保程度 z，将使得拆解处理成本 c_j^w 上升，平衡两方面影响，确保 c_j^w 维持规制前水平实现物料拆解水平 z，当 $z = \bar{z}$ 时，则管制标准对生产者不造成任何约束，此时回收处理者将在因产品生态设计水平提高而降低的拆解成本额度内提升废弃物处理技术；当 $z < \bar{z}$ 时，表明在利润最大化原则下，回收处理者在不额外付出成本的情况下无法使得拆解物料达到法定标准，此时回收处理者将综合考虑拆解物料环保水平超过 $\bar{z}$ 标准时付出的成本与获得超物料环保标准政府补贴的综合收益，激励回收处理者采用更环保的处理技术；当 $z > \bar{z}$ 时，表明在利润最大化原则下，回收处理者拆解的物料环保水平已经高于法定标准，回收处理者将获得政府给予的超物料环保标准补贴 g，那么回收处理者将有继续保持甚至提高废弃物拆解处理技术的驱动力。对于废弃物的回收比率 ρ，提高回收率必然提升单位回收成本 c^k，达不到 $\bar{\rho}$ 将面临罚款的风险。此时，回收处理者将综合考虑超回收比率下获得补贴 n 的收益与成本 c^k 来达到一定的回收率 ρ，从而激励回收处理者提高废弃物回收率。

（二）出售拆解物料（回收认证证书）时的行为分析

当回收处理者未接受任何生产者委托，自主回收废弃物进行拆解处理，通过出售物料回收证书获得收益时，废弃物是生产的投入品，以再生材料评估后的回收认证证书为其产出品。回收处理者作为赢利的主体，其经营活动主要受到 EOL 回收费 c^k、EOL 拆解处理费用 c_j^w、废弃物拆解处理效率 $J(\eta)$，及再生资源价格（物料回收认证证书价格）的影响。当政府未对拆解物料的环保水平有规制时，如以上分析所述，回收利用者在利润最大化原则下，将会尽力降低废弃物拆解处理成本，更愿意选择环保性高的产品作为投入品，为降低成本不惜以环境污染和伤害人身健康为代价。

现行 EPR 政策下，政府建立了废弃电器电子产品处理企业的资质管理制度，但是仍存在拆解物料不达标的现象。为进一步提升拆解物料的无害化处置水平，本书提出拆解物料环保程度认证规制政策。那么，在此规制下，回收处理者在经营过程中除受到以上因素影响外，还受到物料回收认证法定标准的影响，要求回收处理者必须达到法定物料回收认证标准 $\bar{z}$，超标准将得到政府补贴 g。此时，回收处理者可以出售再生资源，也可以将通过回收认证的证书出售给生产者。提高拆解物料的环保程度，必然提高拆解处理成本 c_j^w，这意味着回收处理者在不额外付出成本的情况下无法使得拆解物料达到法定标准，此时回收处理者将综合考虑拆解物料环保水平超过 $\bar{z}$ 标准时付出的成本与获得超物料环保标准政府补贴的综合收益，激励回收处理者采用更环保的处理技术。

第四节　本章小结

（一）对标准管制政策、补贴政策、押金退款政策、物料回收认证政策等政策工具发挥规制、激励作用的经济学原理进行阐释。政府通过标准管制政策对企业资源加以限制，实现社会福利的最大化，是对企业行为的直接约束，将会造成巨大的监督运行成本。为解决企业生产经营活动中产生的外部性，通常对负的外部性以加征税收作为经济处罚，对正的外部性给予补贴，调整生产者的边际私人成本与边际社会成本相等，或生产者的边际私人收益与边际社会收益相等，使得市场均衡达到最优。对消费者实行押金－退款政策实际是以经济激励换取消费者协助返还废弃物。物料回收认证政策通过对 EOL 产品拆解物料环保程度的规制，可有效提高废弃物无害化处置水平，同时物料回收认证证书流通模式将进一步提高专业回收处理企业的竞争程度，从而降低处置成本。

（二）对我国废弃电器电子产品延伸责任激励政策工具进行了设计。针对生产者生产产品的原材料选择、产品设计、延长使用年限、节约能源等方面进行评估，实行产品生态设计评估认证政策。针对 EOL 产品回收处理水平、处理深度和除污性能等方面进行评估，实行 EOL 拆解物料环保程度评估。提出法定回收率、产品环境评估认证等级、拆解处置物料回收标准等管制标准，及超标准激励补贴政策，正反双面激励责任主体提高 EOL 产品回收率、提高产品生态设计水平和拆解物料环保程度。结合我国消费者环保意识水平与处置物传统观念，提出 EPR 政策下实行消费者押金—退款政策，激励其主动承担废弃物返还行为责任。

（三）对 EPR 政策工具实施过程中生产者、消费者和回收利用者等主要责任主体行为反应机理进行分析。对生产者涉及的产品生命周期内产品设计、生产、废弃物回收利用阶段，在是否存在政府规制情形下的行为与决策行为进行分析，并分别就回收率标准、产品环境评估认证标准及拆解物料环保度等规制政策下，生产者如何采取有利于环保行为的内在机理进行阐释。对消费者对于废弃物可能的处置行为，及其是否规制的政策环境下的决策行为进行了分析，研究表明适当的押金额度设置可使得押金—退款政策有效激励消费者主动返还废弃物。对专业回收处理者在对 EOL 拆解处理经营活动中，是否存在物料回收环保认证规制政策，以及是接受生产者委托，还是出售物料回收证书等两种模式下的行为决策进行了分析。研究表明，物料回收认证政策无论在何种经营模式下均能有效激励回收处理者采取环境友好性更高的处理技术。

第六章　我国废弃电器电子产品延伸责任承担模式研究

EPR 明确规定了生产者须对其产品全生命周期内的环境影响负责，包括产品废弃后的回收、处置与循环再利用等。而逆向物流中，企业需要回收的产品种类繁多，同时 EOL 产品损坏程度不同，造成回收价格不同，给企业成本核算带来困难；更重要的是在 EOL 产品的回收、分拣、无害化处理与再利用过程中各项成本高、作业难以标准化，因此生产商要根据自身的特点选择合理的方式。我国《废弃电器电子产品回收处理管理条例》中明确提出"多渠道回收、集中处置"的原则；2016 年工信部等四部委实施的电器电子产品生产者责任延伸首批试点工作中，采取生产者与处理企业联合，第三方机构与生产者、处理企业联合等回收处置方式。结合发达国家 WEEE 回收处置实践经验与启示，本书认为我国废弃电器电子产品回收处置的模式可以通过建立企业内部专用回收体系，通过采用企业外部共用回收体系，或将回收处置外包给其他组织等三种不同的方式来体现其延伸责任。

第一节　生产者自主承担模式

生产者自主承担模式就是生产者利用自身已有的销售、维修网点等正向物流体系，构建 EOL 产品回收的逆向物流体系，完成本企业 EOL 产品的回收、拆解处置与再利用工作。在具体操作过程中，对于前期的 EOL 产品收集、分拣等工作，生产者完全可委托分销商来完成。因此，生产者自主承担模式可采取两种组织方式。首先，可由生产者自身直接从消费者手中将本企业产品的废弃物回收，并进行处置后利用；其次，生产者可委托分销商（零售商）回收 EOL 产品，生产者负责拆解利用。

这种模式一般适合于 EOL 产品拆解后的物料可作为产品生产的零部件再次使用，而这种二次回收再使用的零部件通常专用性较强，比如电器电子产品、专用设备等。生产者通常只负责回收本企业产品的废弃物，确保回收拆解后的零部件和材料经再处理加工后可继续投入生产利用，实现资源的闭环循环。

生产者采用该模式承担延伸责任，真正实现了企业对产品设计、生产、废弃物回收和处置利用等产品全生命周期环境影响责任的承担。在具体过程中，生产者可根据产品销售的正向物流相对准确地把握产品的具体流向，从而拥有准确掌握产品使用、报废等信息反馈的能力，从而实现 EOL 产品的跟踪管理与回收，同时激励生产者关注产品设计的生态性，降低产品末端拆解处置复杂性和最大限度降低成本，从产品整个生命周期的角度考虑产品环境影响与成本最小化，有利于企业降低回收处理费用，促进生产者改进技术，实现资源最大限度的循环再利用。

虽然生产者自主负责本企业产品废弃物的回收和拆解责任在技术、信息等方面具有一定的便利性和优势，但同时由于本企业产品种类、数量的限制导致专有回收体系和拆解处置设备等资源整体利用效率不高，难以形成规模经济效应，从而造成单位产品回收处置成本提高；为此，该模式适用于产品总量达到一定规模，且产品专用性较强，回收利用价值较高的大型企业。如果多个生产者，特别是同类企业，各自建立回收利用体系时，将造成资源的浪费。电器电子产品属于耐用品，寿命周期较长，在产品使用进入报废环节时，如果生产者倒闭，则该企业废弃产品必然成为无人负责的孤儿产品（Orphaned Product），孤儿产品的回收问题是这种模式无法解决的一个难题。

生产者自主回收必然需要投入相当大的资本构建逆向物流体系，EPR 制度下

EOL 的回收处置是生产者必然承担的责任,并不是企业的核心业务,对于一些实力不强的中小企业而言,非核心业务占用分散了企业的资金和人员,将面临较高的财务风险。基于企业规模和经济实力考虑,我国对于生产者自主回收模式主要采取鼓励和支持的态度,并没有强制实施。在电器电子产品领域主要有长虹、惠普等大型企业采取该模式。

一、零售商回收模式

零售商回收模式,即产品的零售(销售)商在销售产品的同时,负责分类收集由消费者返还的废弃物,并将其转运交付给生产者。由生产者负责将回收后的废弃物进行拆解处置,并进行再利用。生产者 EOL 产品回收必须达到法定收率,否则将受到政府监管部门的经济惩罚。具体流程如图 6-1 所示。

消费者 → 废弃电器电子产品 → 销售者 → 生产者

图 6-1 零售商回收模式废弃物流向图

二、生产者自主回收模式

该模式下生产者通过自身的产品营销网络的逆向物流体系,自建 EOL 产品的收集回收体系,自主回收本企业产品的废弃物,经过拆解处理后实现资源化循环再利用。整个过程中,EOL 产品的回收处置成本完全由生产商承担,零售商仅负责销售产品。该模式下,生产者承担不能完成法定回收率的财务罚款风险。具体流程如图 6-2 所示。

消费者 → 废弃电器电子产品 → 生产者

图 6-2 生产者自主回收模式废弃物流向图

第二节　回收业务外包模式

回收业务外包模式是指生产者将本企业 EOL 产品的回收处置工作通过一定的契约转交给其他第三方机构或企业来完成。生产者采取外包模式来承担产品的回收处置工作主要基于以下几个方面的考虑。首先，从降低成本方面来看，第三方企业拥有比生产者更加专业的运输和收集网络，专业化程度更高；其次，从工作效率方面考虑，生产者可将有限的资源放在企业的核心业务上，提高生产经营效率；第三，从快速响应 EOL 回收需求方面来看，基于第三方专业化和规模化的效率优势，可以快速地对消费者的报废需求做出回应。从国外 EPR 实践来看，业务外包组织通常可以是第三方专业回收处理企业或生产者责任组织，因而主要形成了第三方专营承担模式和生产者责任组织承担模式。在物料回收认证证书政策下，生产者可通过购买 MRCs，采取间接委托第三方专业回收处理企业模式来履行其延伸责任义务。

一、第三方专营承担模式

第三方专营承担模式即生产者将废弃物的回收处置责任通过签订回收处置合同的方式，委托给有资质的第三方回收处理企业来完成，生产者向第三方企业支付一定的回收处置费用。第三方企业可与多个生产者签订委托合同，集中回收处置废弃物，实现规模经济效应。

废弃物回收具体流程如下：消费者将废弃后的产品返还至第三方企业回收网点，第三方企业将对废弃物进行统一回收和拆解处理，经处置完成后形成的可用于再次利用的零部件或材料，可再出售给生产者循环利用。具体流程如图6-3 所示。

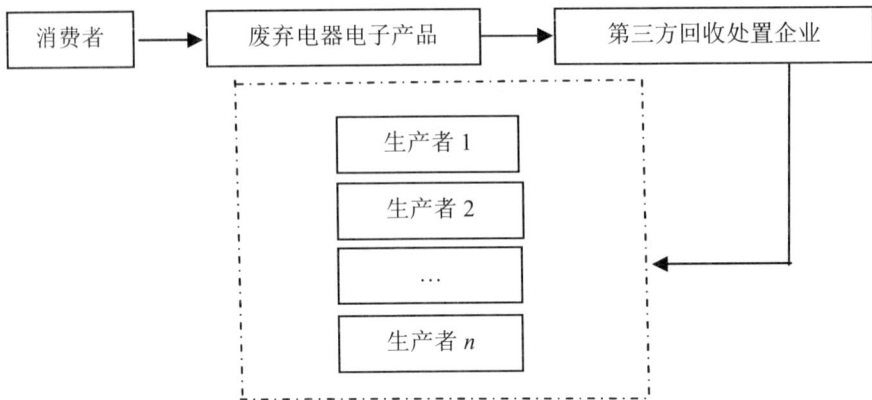

图 6-3　第三方专营承担模式废弃物流向图

　　我国《废弃电器电子产品回收处理管理条例》中也明确提出鼓励生产者委托废弃电器电子产品回收经营者对废弃物进行回收处置。2016 年公布施行的首批电器电子产品生产者责任延伸试点工作中,多家第三方企业、三家第三方机构参与其中。

二、生产者责任组织回收模式

　　生产者责任组织是指生产同类产品的生产者组织成立的一个机构,具有行业协会的性质。生产者将产品回收处置工作委托给生产者责任组织,向其缴纳一定的注册费,由生产者责任组织作为中间组织联系第三方专业回收处理企业完成具体的回收处置工作。世界上最具代表性的生产者责任组织就是德国的 DSD 双元回收系统。

　　生产者责任组织模式下,一般涉及生产者、生产者责任组织和第三方回收处理企业三个责任主体。首先是生产者与生产者责任组织之间签订委托合同,缴纳注册费后,将回收处置工作全权委托给 PRO,PRO 自身并不从事具体的回收处置工作,而是作为中间层组织与市场上提供具体回收处置服务的企业签订合约。整个过程中 PRO 成为整个合约网络的中枢,而 PRO 自身不以赢利为目的,因而实际上具有行业协会的性质。首先,作为生产者与第三方回收处置企业的联络机构，具有中介性；其次，PRO 是生产者自发成立的组织，不隶属于任何政府机构、企业或机构，是一个民间组织；第三，生产者是一个社会团体，独立运营，独立开展业务，具有独立性。从 PRO 的性质特征来看，生产责任组织模式更加适合于产品量小、经济实力较差的中小企业履行延伸责任方式。具体流程如图 6-4 所示。

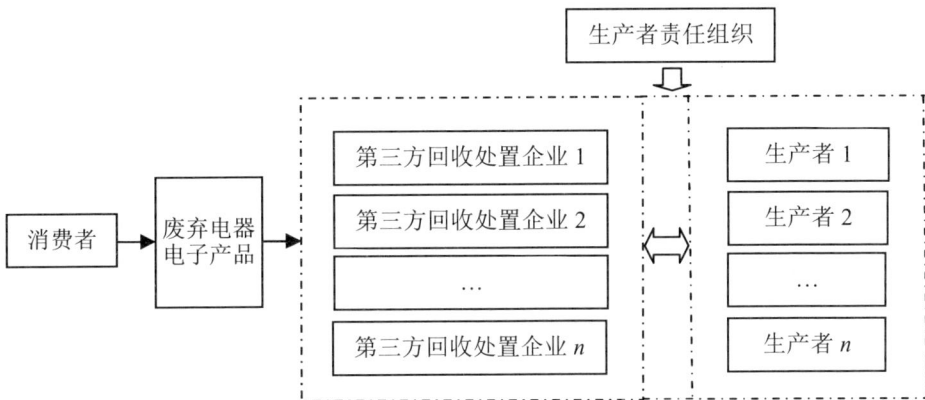

图 6-4　生产者责任组织模式废弃物流向示意图

三、购置物料回收认证证书模式

该模式下，第三方专业处理企业自主回收社会上的 EOL 产品，并进行拆解处理。由政府专门机构对其拆解过程与处理结果进行考核，并向产生的再生资源发放物料回收认证证书。生产者通过向第三方专业回收处理企业购置符合规制标准的、一定数量的物料回收认证证书来完成延伸责任。

该模式下，第三方专业回收处理企业面向社会，不分品牌回收废弃电器电子产品处理目录内产品的废弃物，生产者按照自己生产产品的种类，购买达到法定回收率标准数量的 MRCs，完成延伸责任，将再生资源投入生产。具体流程如图 6-5 所示。

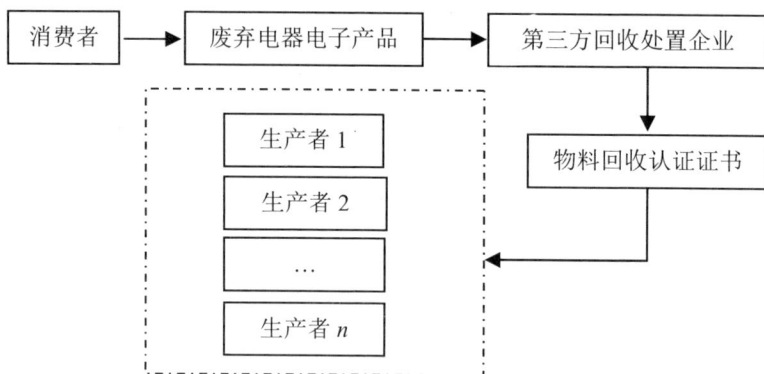

图 6-5　购置物料回收认证证书模式废弃物流向示意图

第三节　生产者与第三方联合承担模式

这一模式是生产者自主承担模式与第三方专营模式的有机结合。该模式下，生产者可利用自身的营销、维修网点等正向物流构建的逆向物流体系直接对本企业产品进行统一分类收集、运输。而后将回收的 EOL 产品委托给拥有资质的第三方专业企业进行拆解处置。具体流程如图 6-6 所示。

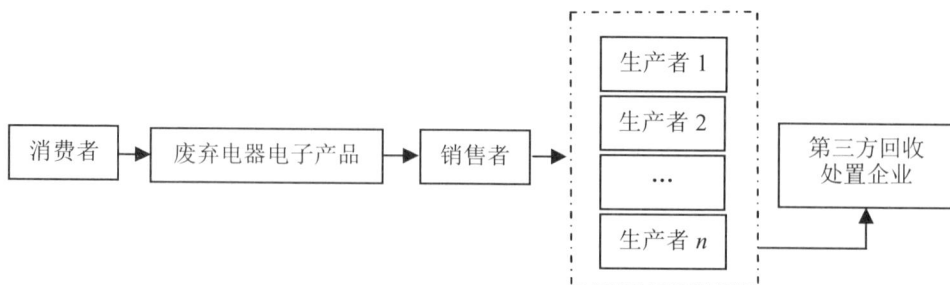

图 6-6　生产者与第三方联合承担模式废弃物流向图

第四节　本章小结

（一）本章对生产者延伸责任承担模式进行了探讨。结合发达国家废弃电器电子产品回收处置实践经验与启示，本书认为我国废弃电器电子产品回收处置的模式可以通过建立企业内部专用回收体系，通过采用企业外部公用回收体系，或将回收处置外包给其他组织等三种不同的方式来体现其延伸责任。具体主要有生产者自主承担模式、回收业务外包模式，以及生产者与第三方联合承担模式等三种模式。提出基于物料回收认证证书市场流通下，生产者可采取购置物料回收认证证书完成延伸责任。

（二）对三种回收模式进行了特征分析，研究发现各模式都有其优势和劣势，生产者应基于其自身条件进行选择。生产者自主模式一般是适用于经济实力较强、产品更具专用性的企业，该模式可有效促进产品生态设计，可能导致孤儿产品问题；业务外包模式可实现规模经济效应，但需要较充分的市场环境，同时对于企业产品生态设计、末端无害化处置激励不足；生产者与第三方合作模式有效利用各方优势，可分别实现回收、拆解的高效处理，同样存在对产品前端设计和末端处置激励不足的缺点。

第七章　政策激励下责任分担决策模型研究

EPR 是以生产者为主体的消费者、销售者、回收处理者等多主体共同承担的责任模式。延伸责任以废弃物的回收处理责任为主要责任，具体承担过程中以生产者为主导呈现出了不同的责任分担方式，利益相关者各自以利益最大化作为政策工具的行为反应。本部分结合我国目前处理基金制度，提出标准管制政策、产品环境评估认证政策、物料回收认证政策及押金—退款政策等工具，对 EOL 回收数量、拆解质量、产品生态设计划出标准，提出奖惩措施；以押金—退款政策对消费者、销售者形成经济约束。假定产业链上参与各方均为完全理性，借助于价格的传导机制，参鉴现有研究中关于逆向物流回收模式选择的决策模型，增设消费者效用函数、生态设计激励函数、回收激励函数、处置激励函数变量，构建逆向供应链下各参与主体在不同回收模式下的决策模型，考察政策工具如何在市场机制下实现对各责任主体的激励，及各自最优决策下的延伸责任分担。

第一节　模型的描述与假设

假设生产者生产过程中需要一定数量的原材料，原材料可以完全使用初始原材料，也可以使用部分废弃产品回收后的再生材料生产，假设后者比前者生产同种产品节约成本。产品生产中，企业可进行不同生态等级的产品设计。产品由零售商销售给消费者。消费者购买产品时需缴纳押金，产品废弃后消费者需将 EOL 产品返还销售网点或第三方回收企业，同时获得退回押金。生产者可自主承担 EOL 产品的回收拆解处置与再生利用，也可以委托零售商回收废弃物，或者委托第三方、生产者责任组织等机构回收处置 EOL 产品。政府对企业的回收和拆解处置提供奖惩措施。

设 q 表示生产者生产的产品产量。

设 c^m 表示使用采购初始原材料生产产品的单位成本。

设 c^r 表示使用再生材料生产产品的单位成本，假设 $c^r < c^m$。

设 r 表示因为使用回收材料生产产品而节约的成本，$r = c^m - c^r$。

设 c_a^d 为单位产品设计成本，指企业为提高产品生态设计水平投入的所有固定成本和可变成本的单位产品平均成本。a 表示不同的产品设计等级。

设 θ 表示生产商给销售商的批发价，由生产商自行确定。

设 p 表示零售商出售给消费者的产品价格，由零售商确定，$\theta < p$。

设 c^β 表示 EOL 产品单位回收成本，指企业在回收 EOL 产品中所投入的所有固定成本和可变成本的单位产品平均成本。k 表示回收处置模式类型（$\beta = 0$、1、2、3、4、5，分别表示零售商回收模式、生产者自主回收模式、第三方回收模式、生产者责任组织回收模式、购置物料回收认证证书模式与生产者与第三方联合模式）。

设 ρ 表示回收比率，$\bar{\rho}$ 为管制回收比率。

设 e 表示政府给予的单位产品拆解处理补贴。

设 c_j^w 表示 EOL 产品单位处置成本，指企业在拆解处置 EOL 产品中所投入的所有固定成本和可变成本的单位产品平均成本。

设 $c_j^l = c_j^w - e$ 为扣除政府补贴后的实际单位产品拆解成本，j 表示不同的拆解处理环保等级。

设 π_l^k 表示责任主体利润（收益），k 表示回收处置模式类型（$k = 0$、1、2、3、4，分别表示零售商回收模式、生产者自主回收模式、第三方回收模式、生产者责任组织回收模式、生产者与第三方联合模式），l 表示责任主体（$l = 0$、1、2、3、4，分别表示生产者、零售商、第三方企业、生产者责任组织、消费者）。

其他假设：

假设1：产品需求是线性的，需求函数为 $q = d - kp$，d、k 为大于零的常数，p 为产品的销售价格。

假设2：参与各方均以自身利润的最大化为决策目标函数。

假设3：只考虑单个生产者、零售商之间的关系，不考虑零售商之间内部的竞争。

第二节 激励政策工具函数设计

一、押金—退款政策下消费者效用函数

（一）函数变量说明与假设

押金—退款政策下，消费者购买产品时交付押金。假设消费者在返还或出售 EOL 产品时可获得产品收益。如果消费者将废弃物返还给正规的回收再利用部门，将获得返还的押金；如果消费者将废弃物随意抛弃（偷排），将面临罚款的可能，同时押金将被罚没；如果消费者将废弃物以某一价格出售给非正规处理回收再利用部门，将同样受到罚款。消费者对废弃物处置方式的选择将取决于不同处理方式所获取的收益权衡。当然，消费者出售废弃物时需要承担一定的交易费用（如废弃物送达回收再利用部门的运输成本等），为简化分析，本书中假设该交易费用为零。

假设 ϕ 为消费者在返还或出售 EOL 产品时获得的产品收益；κ 为消费者将废弃物出售给非正规回收处理部门的价格，为便于分析，本书中定义为常量；λ 为产品押金；v 为消费者支付押金的机会成本；x 为将产品随意抛弃或出售给非正规处理部门的罚金，一定时间内为常量；S、D、H 分别为指示变量，当消费者将废弃物出售给正规处理企业时 $S = 1$，否则 $S = 0$；当消费者将废弃物随意抛

时，$D=1$，否则 $D=0$；当消费者将废弃物出售给非正规的回收处理部门时，$H=1$，否则 $H=0$。

假设消费者的效用函数为：

$$G(\phi) = S(\phi-v)q - D(\lambda+v+x)q + H(\phi-\lambda-v-x)q$$
$$= \left[S(\phi-v) - D(\lambda+v+x) + H(\phi-\lambda-v-x) \right](d-kp)$$

（二）政府严格监管下消费者效用函数

（1）当消费者将 EOL 产品返还给正规回收利用部门时，其效用函数为：$G(\phi) = (\lambda-v)(d-kp)$。

（2）当消费者将 EOL 产品出售给非正规处理部门时，其效用函数为：$G(\phi) = (\kappa-\lambda-x-v)(d-kp)$。

（3）当消费者将 EOL 产品随意抛弃时，其效用函数为：$G(\phi) = -(\lambda+x+v) \times (d-kp)$。

基于目前我国消费者环保意识水平及长期以来形成的废弃物为有价商品观念，消费者将 EOL 产品偷排的可能性较小，以选择前两种处置方式为主。

只有当消费者将 EOL 产品返还给正规回收处理部门时所得效用大于将其出售给非正规处理部门时，才能达到政策激励效果。所以：

$$(\lambda-v)(d-kp) > (\kappa-\lambda-v-x)(d-kp)，可得到：\lambda > \frac{1}{2}(\kappa-x)。$$

当罚金和押金额足够大，满足上式条件时，押金－退款政策将有效激励消费者主动返还 EOL 产品给正规回收处理部门。

（三）无政府监管下消费者效用函数

当无政府监管或政府监管不到位时，消费者将 EOL 产品偷排或出售给非法处理单位将不会受到处罚（罚金 x），消费者将以利益最大化原则，比较 κ 和 λ 大小做出决策。

$$G(\phi) = S(\lambda-v)q + H(\kappa-\lambda-v-x)q$$

此时,押金额 λ 的确定,不仅要考虑 EOL 产品的社会边际成本,还要考虑非法回收企业出具的价格 κ,使得 $\lambda > \kappa$。因此,无论政府是否严格监管,押金额在实际设定时一般高于非法回收单位价格。

二、标准管制政策下回收激励函数

生产者实施 EPR 制度,对 EOL 产品回收必须达到政府规定的法定回收率 $\overline{\rho}$,设 $F(\rho)$ 为政府对生产者在标准管制政策下 EOL 产品回收激励函数。设 $\pi(\rho)$ 为企业收益,为简化分析,企业收益分析中忽略企业产品生产成本与 EOL 产品回收补贴。设 $F(\rho)$ 为企业回收激励函数。

(1)当企业刚好完成法定回收率时,即 $\rho = \overline{\rho}$,政府对生产者不奖励也不惩罚。企业收益=企业销售收入−回收成本。企业 EOL 产品回收激励效益为 0。

$$\pi(\rho) = \theta q - \overline{\rho}qc$$

$$F(\rho) = 0$$

(2)当企业未完成法定回收率时,政府为惩罚生产者,向生产者收取一定罚金。

1)当生产者完成部分法定回收率,即 $\rho < \overline{\rho}$ 时,政府向生产者收取未完成回收任务部分的罚金,设单位产品罚金为 f。企业收益=企业销售收入−回收成本−企业未完成回收任务部分的罚金。

$$\pi(\rho) = \theta q - \rho qc - (\overline{\rho} - \rho)qf$$

$$F(\rho) = -(\overline{\rho} - \rho)qf$$

为鼓励企业践行 EPR 责任,积极参与 EOL 产品回收,完成法定回收率企业收益应大于部分完成法定回收率企业收益,即:

$\theta q - \rho qc - (\overline{\rho} - \rho)qf < \theta q - \overline{\rho}qc$,可得到: $f > c$。

即,单位产品罚金应大于单位产品回收成本。

2)当企业未实施 EPR,未参与 EOL 产品回收时,政府对企业收取罚金。企业收益=企业销售收入−罚金。

$$\pi(\rho) = \theta q - F(\rho)$$

为激励企业积极参与 EOL 产品回收，即使企业回收率未达到 $\overline{\rho}$，其获得的收益也应该大于未实施 EPR 受到经济惩罚后的收益，因此：

$$\theta q - F(\rho) < \theta q - \rho q c - (\overline{\rho} - \rho)qf$$

得到：$F(\rho) > \rho q c + (\overline{\rho} - \rho)qf$。

即，罚金应大于完成部分 $\overline{\rho}$ 时企业支付的所有成本与未完成任务量罚金之和。

由于：$\overline{\rho}qc + \overline{\rho}qf > \rho qc + (\overline{\rho} - \rho)qf$，即完成 $\overline{\rho}$ 时所有成本与假定所有回收任务量未完成下核算的罚金之和总是大于完成部分 $\overline{\rho}$ 时企业支付的所有成本与未完成任务量罚金之和。因此，设定：

$$F(\rho) = \overline{\rho}qc + \overline{\rho}qf$$

设置该额度罚金下，生产者将倾向于规避经济惩罚，进行 EOL 产品回收工作。

3）当生产者实际回收率超过法定回收率时，即 $\rho > \overline{\rho}$，为激励企业继续从事 EOL 回收，政府将对超出法定回收率部分进行补贴，设单位产品补贴为 n，企业收益=企业销售收入−回收成本+超额回收补贴。

$$\pi(\rho) = \theta q - \rho q c + (\rho - \overline{\rho})qn$$

$$F(\rho) = (\rho - \overline{\rho})qn$$

政府对企业超额完成部分进行额外补贴，此时企业收益应大于刚好完成 $\overline{\rho}$ 时的收益。因此：

$$\theta q - \rho q c + (\rho - \overline{\rho})qn > \theta q - \overline{\rho}qc$$

得到：$n > c$。

即，超额完成部分单位产品补贴应大于单位回收成本。

三、产品环境评估认证下设计激励函数

EPEAT 产品环境评估认证标准是对企业产品的环保程度进行评估认证的政策工具，为激励生产者使用绿色原材料、采用生态设计，从生产源头开始履行延

伸责任，根据 EPEAT 对产品认证的金、银、铜三个等级，按照从高到低依次设定相应的 $\eta_{金}$、$\eta_{银}$、$\eta_{铜}$ 三个等级补贴，以弥补企业施行不同等级生态设计所产生的成本支出。假设企业产品等级补贴为 η（$\eta > 0$），企业产品环境评估认证的最低标准为 $\eta_{铜}$。设 $M(\eta)$ 为政府对生产者在产品环境评估认证政策下产品生态设计激励函数，$\pi(\eta)$ 为企业收益函数。为便于分析，企业收益分析忽略产品生产成本。

（1）当企业产品刚好达到 $\eta_{铜}$，即 $\eta = \eta_{铜}$ 时，政府对生产者不奖励也不惩罚。此时，单位产品设计成本为 c_1^d。企业收益=企业销售收入－产品设计成本。企业产品生态设计补贴激励收益为 0。

$$\pi(\eta) = \theta q - q c_1^d$$
$$M(\eta) = 0$$

（2）当 $\eta < \eta_{铜}$ 时，表示企业产品环境评估未达最低标准 $\eta_{铜}$，政府将向生产者收取罚金 B。设单位产品设计成本为 c_2^d，由于产品环保程度 $\eta < \eta_{铜}$，因此企业投入产品生态设计用于购置节能环保设备、绿色原材料等成本较高，因此 $c_2^d < c_1^d$。企业收益=企业销售收入－产品设计成本－企业产品环境评估未达标罚金。

$$\pi(\eta) = \theta q - q c_2^d - B$$

产品未达最低标准企业收益应小于产品环评刚好为 $\eta_{铜}$ 的收益，因此：

$$\theta q - q c_2^d - B < \theta q - q c_1^d$$

得到：$M(\eta) = B > q(c_1^d - c_2^d)$。

即，产品环评未达标企业罚金 B 应大于目前产品设计成本与达标后所需支付成本的差额。

（3）当企业产品环评认证等级在 $\eta_{铜} < \eta < \eta_{银}$ 时，为激励企业进一步提升产品生态设计，政府给予企业单位产品补贴 b_3。设单位产品设计成本为 c_3，$c_3^d > c_1^d$。企业收益=企业销售收入－产品设计成本+企业产品环境评估补贴。

$$\pi(\eta) = \theta q - q c_3^d + q b_3$$
$$M(\eta) = q b_3$$

　　企业产品达到环评标准后，如果继续改善产品设计的环保性能获得经济收益，企业将进一步提升产品环保认证的动力。因此，当产品环保等级处于 $\eta_{铜} < \eta < \eta_{银}$ 时，企业收益大于 $\eta = \eta_{铜}$ 收益。因此：

$$\theta q - q c_3^d + q b_3 > \theta q - q c_1^d$$

得到：$b_3 > c_3^d - c_1^d$。

　　即，当 $\eta_{铜} < \eta < \eta_{银}$，单位产品补贴应大于目前产品单位设计成本与合规（$\eta_{铜}$）下单位设计成本之间的差额。

　　（4）当 $\eta_{银} \leqslant \eta < \eta_{金}$ 时，政府给予生产者单位产品补贴 b_4，同理可得：

$$\pi(\eta) = \theta q - q c_4^d + q b_4$$

$$M(\eta) = q b_4$$

$$b_4 > c_4^d - c_1^d$$

　　（5）当 $\eta = \eta_{金}$ 时，政府给予生产者单位产品补贴 b_5，同理可得：

$$\pi(\eta) = \theta q - q c_5^d + q b_5$$

$$M(\eta) = q b_5$$

$$b_5 > c_5^d - c_1^d$$

四、物料回收认证政策下处置激励函数

　　物料回收认证是针对拆解处置企业对电子废弃物处置的环保程度进行评估认证的政策工具，目的在于激励处置企业采用环境友好的回收处理技术，提高处理质量。在目前的技术水平下，要求企业在对 EOL 产品拆解处理中必须达到政府规定的物料处置率水平 $\bar{z}$，设 $N(z)$ 为政府对企业在物料回收标准管制政策下的处置激励函数，设 $\pi(z)$ 为企业收益函数。为使讨论不失一般性，在进行企业收益分析时，只考虑基于物料环保程度下的补贴收益；企业关于 EOL 产品处置后所获物料资源出售的收益分析，将在本章第五节"三、购置物料回收认证证书模式决策模型"中具体分析。

（1）当企业拆解物料刚好达到法定环保标准率，即 $z = \bar{z}$ 时，政府对生产者不奖励也不惩罚。企业收益＝企业拆解补贴收益－拆解成本。企业 EOL 产品处置激励效益为 0。

$$\pi(z) = \rho q e - \rho q c_1^w$$

$$N(z) = 0$$

（2）当企业拆解物料未达到法定环保标准率，即 $z < \bar{z}$ 时，政府将惩罚企业因不合规的拆解处理造成环境影响，向其收取一定罚金。此时，单位产品拆解处理成本为 c_2^w，企业拆解物料较高的环保水平必然付出了较高的成本，因此 $c_2^w < c_1^w$。企业收益＝企业拆解补贴收益－拆解成本－产品拆解物料环境评估未达标罚金。

$$\pi(z) = \rho q e - \rho q c_2^w - Z$$

为达到反向激励企业拆解物料达标，对其进行经济惩罚后企业收益应小于企业刚好达标时的收益，因此：

$$\rho q e - \rho q c_2^w - Z < \rho q e - \rho q c_1^w ;$$

得到：$Z > \rho q (c_1^w - c_2^w)$。

按我国目前施行的处理基金制度，政府对有资质的废弃电器电子产品处理企业按照实际拆解处置的电子产品种类、数量给予补贴，以弥补企业从事无害化 EOL 产品处置付出的成本，而当企业拆解物料未达到法定环保标准时，给予的补贴应予以追回，因此，罚金可设置为目前拆解总成本与法定拆解成本差额与政府补贴之和：

$$Z = \rho q (c_1^w - c_2^w) + \rho q e$$

此时企业处置激励效益：

$$N(z) = -\rho q (c_1^w - c_2^w + e)$$

（3）当企业拆解物料超过法定标准，即 $z > \bar{z}$ 时，为激励企业继续提高物料回收环保程度，政府将对企业予以奖励，设单位产品奖励为 g。此时，单位产品

拆解处理成本为 c_3^w ，满足 $c_2^w < c_1^w < c_3^w$ 。企业收益=企业拆解补贴收益−拆解成本+产品拆解物料超环境评估标准奖金。

$$\pi(z) = \rho q e - \rho q c_3^w + \rho q g$$

$$N(z) = \rho q g$$

此时企业收益应大于拆解物料刚好达到 $\overline{z}$ 时的企业收益，因此：

$$\rho q e - \rho q c_3^w + \rho q g > \rho q e - \rho q c_1^w$$

得到： $g > (c_3^w - c_1^w)$ 。

即，产品拆解物料超环境评估标准单位产品奖金额应大于目前拆解单位产品成本与合规拆解单位产品成本差额。

第三节　政策工具实施的适用条件分析

以上所列政策工具的有效实施还存在着如何激励政府相关部门推行政策并严格监管落实的问题。假设将政府部门看作是追求自身利益最大化的经济主体，在推行政策实施的过程中是否选择严格监管，其付出的成本、获得公众的满意程度不同，同时获得的环境效益也不相同。

假设 $R(\omega)$ 为政府相关部门监管成本，指管理生产者责任制度运行过程中发生的运行成本、监督成本等，在 EPR 政策运行初期，由于各责任主体环保意识较低，生产者瞒报数据、消费者偷排废物、回收处理企业拆解不达标可能性较大；同时伴随政策工具中设定的法定回收率、生态设计标准、物料回收认证标准等管制标准的提升，相关责任主体完成难度逐渐加大，消极承担责任几率逐渐增大，政府相关部门监管成本将逐渐提升。设 ω 为监管强度系数。

假设 $L(\varepsilon)$ 为政府部门社会收益，即公众基于政府相关部门推行 EPR 制度，解决废弃物资源环境问题而对政府部门表现出的满意程度，或政府部门公信力的提升程度。其中，EOL 回收利用率越高，对环境危害越小，公众对政府部门的满意程度或公信力越高。设 ε 表示公众满意度的强度系数。

假设 α 表示单位 EOL 无害处置环境效应，EOL 在拆解处置过程中部分材料可被处置为二次资源循环使用，仍有部分拆解物不能得到有效利用，对这部分物料是否做到了无害处置也将是 EPR 制度环境效应的重要方面。

政府部门其他收益和成本还包括 EOL 在法定回收标准管制及激励 $F(\rho)$ 下 EOL 在实际回收率 ρ 的提升；在产品环境评估认证政策及产品生态设计激励 $M(\eta)$ 下 EOL 拆解处理成本的下降；在拆解物料回收认证标准管制及超标准奖励 $N(z)$ 下单位 EOL 再利用成本收益 r 的提升等方面。假设 π_S 表示政府收益：

$$\pi_S = q\rho(r+s) + L(\varepsilon) - R(\omega) - M(\eta) - N(z) - F(\rho)$$

当 $\pi_S > 0$ 时，即政府总体收益为正时，EPR 制度具有一定的政策效应。

当 $\pi_S < 0$ 时，政府总体收益为负时，EPR 制度运行过程中成本大于收益，说明政策运行时无效的。因此，为确保政策的有效性，需满足以下条件：

$$\pi_S = q\rho(r+s) + L(\varepsilon) - R(\omega) - M(\eta) - N(z) - F(\rho) > 0$$

即， $R(\omega) < q\rho(r+s) + L(\varepsilon) - M(\eta) - N(z) - F(\rho)$ 。

也就是说，当政府部门的监管成本 $R(\omega)$ 小于一定值时，EPR 制度运行是有效应的。

因此，本书假定政府各相关部门的监管成本在合理范围内，EPR 各项政策都严格监管落实。

第四节　生产者自营模式决策模型分析

一、零售商回收模式决策模型

该模式下，生产者委托零售商回收 EOL 产品，由生产者负责将回收后的 EOL 产品进行拆解处置，并进行再利用。生产者退还由零售商垫付的退还消费者的押金。政府不向生产者征收废弃物回收处理基金。零售商在销售产品的同时，负责回收由消费者返还的废弃物，并退还消费者押金，并将 EOL 产品收集运送给生产者。

假设消费者在押金政策下能够主动返还废弃物，零售商能够完成法定回收率，获得超法定回收率单位产品补贴 n；假设生产者拆解物料达到法定环保标准率的基础上，产品生态环评等级在 $\eta_{铜}$ 以上，政府给予生产者单位产品生态设计补贴 b，物料超环评单位产品奖励 g。

（一）零售商义务回收 EOL 产品模式

零售商义务回收 EOL 产品模式是指零售商在除免费接收消费者返还的废弃物的同时，还需承担 EOL 产品收集运输责任，即将收集到的废弃物无偿运送给生产者。零售商按照政府相关规定，按照 EOL 产品回收量获得政府发放的回收补贴，与超法定回收量奖励。

生产者的利润由向零售商提供产品的销售收入−产品制造成本−产品设计成本−拆解处置 EOL 产品的成本+因使用回收材料生产产品而节约的成本+企业产品生态设计激励收益 $M(\eta)$+拆解处置激励收益 $N(z)$。设 π_0^0 表示生产者利润函数。

生产者利润函数：

$$\pi_0^0 = q\theta - qc^m - qc_a^d - \rho qc_j^t + \rho qr + M(\eta) + N(z)$$

生产者的利润函数如下：

$$\pi_0^0 = q\theta - qc^m - qc_a^d - \rho qc_j^t + \rho qr + qb + \rho qg$$
$$= (d - kp)(\theta - c^m - c_a^d - \rho c_j^t + \rho r + b + \rho g)$$

零售商的收益等于销售收入减去销售成本，减去回收工作成本，加上回收激励收益 $F(\rho)$，设 π_1^0 表示零售商利润函数。

零售商的利润函数如下：

$$\pi_1^0 = (p - \theta)q - \rho qc + F(\rho)$$
$$= (d - kp)\left[p - \theta + (\rho - \bar{\rho})n - \rho c^0\right]$$

零售商承担回收主体模式下回收模式决策模型为：

$$\max \pi_0^0 = (d - kp)(\theta - c^m - c_a^d - \rho c_j^t + \rho r + b + \rho g) \tag{7.1}$$

$$\text{s.t.} \max \pi_1^0 = (d - kp)\left[p - \theta + (\rho - \bar{\rho})n - \rho c^0 \right]$$

求解如下：

$$\frac{\partial \pi_1^0}{\partial p} = -kp + k\theta - kn(\rho - \bar{\rho}) + k\rho c^0 + d - kp = 0$$

得到：

$$p = \frac{1}{2k}\left[k\theta - kn(\rho - \bar{\rho}) + k\rho c^0 + d \right] \tag{7.2}$$

将式（7.2）代入式（7.1），得到：

$$\pi_0^0 = \frac{1}{2}\left[d - k\theta + kn(\rho - \bar{\rho}) - k\rho c^0 \right](\theta - c^m - c_a^d - \rho c_j^t + \rho r + b + \rho g)$$

求解：

$$\frac{\partial \pi_0^0}{\partial \theta} = -\frac{k}{2}(\theta - c^m - c_a^d - \rho c_j^t + \rho r + b + \rho g) + \left[d - k\theta + kn(\rho - \bar{\rho}) - k\rho c^0 \right] = 0$$

得到：

$$\theta^{0Y} = \frac{1}{2k}\left\{ d + k\left[n(\rho - \bar{\rho}) - \rho c^0 + c^m + c_a^d + \rho c_j^t - \rho r - b - \rho g \right] \right\} \tag{7.3}$$

将式（7.3）、式（7.4）分别代入生产商利润函数和零售商利润函数，得到：

$$p^{0Y} = \frac{1}{4k}\left\{ 3d + k\left[\rho c^0 + c^m + c_a^d + \rho c_j^t - n(\rho - \bar{\rho}) - \rho r - b - \rho g \right] \right\} \tag{7.4}$$

生产者的利润：

$$\pi_0^{0Y} = \frac{1}{8k}\left[d + kn(\rho - \bar{\rho}) + k(\rho r + b + \rho g - c^m - c_a^d - \rho c_j^t) - k\rho c^0 \right]^2$$

零售商的利润：

$$\pi_1^{0Y} = \frac{1}{16k}\Big[d + kn(\rho - \overline{\rho}) + k(\rho r + b + \rho g - c^m - c_a^d - \rho c_j^t) - k\rho c^0\Big]^2$$

（二）零售商有偿回收 EOL 产品模式

该模式是指零售商承担接收消费者返还的废弃物，并将其分类整理、运送生产者。生产者按照 EOL 产品数量支付给零售商单位回收费用 t。按照政府相关规定，零售商按照 EOL 产品回收量获得政府发放的回收补贴及超法定回收量奖励。

生产者利润函数：

$$\pi_0^0 = q\theta - qc^m - qc_a^d - \rho q c_j^t - \rho t + \rho q r + M(\eta) + N(z)$$

生产者的利润函数如下：

$$\pi_0^0 = q\theta - qc^m - qc_a^d - \rho q c_j^t - \rho t + \rho q r + qb + \rho qg$$
$$= (d - kp)(\theta - c^m - c_a^d - \rho c_j^t - \rho t + \rho r + b + \rho g)$$

零售商的收益等于销售收入减去销售成本，减去回收工作成本，加上回收激励收益 $F(\rho)$，设 π_1^0 表示零售商利润函数。

零售商的利润函数如下：

$$\pi_1^0 = (p - \theta)q - \rho q c^0 + \rho t + F(\rho)$$
$$= (d - kp)\Big[p - \theta + (\rho - \overline{\rho})n + \rho t - \rho c^0\Big]$$

零售商承担回收主体模式下回收模式决策模型为：

$$\max \pi_0^0 = (d - kp)\Big[\theta - c^m - c_a^d - \rho c_j^t - \rho t + \rho r + b + \rho g\Big]$$
$$\text{s.t.} \max \pi_1^0 = (d - kp)\Big[p - \theta + (\rho - \overline{\rho})n + \rho t - \rho c^0\Big]$$

利用模型（7.1）的求解方法，得到以下结果：

$$p^{0S} = \frac{1}{4k}\Big\{3d + k\Big[c^m + c_a^d + \rho c_j^t + \rho c^0 - n(\rho - \overline{\rho}) - \rho r - b - \rho g\Big]\Big\}$$

$$\theta^{0S} = \frac{1}{2k}\Big\{d + k\Big[n(\rho - \overline{\rho}) - \rho c^0 + c^m + c_a^d + \rho c_j^t + 2\rho t - \rho r - b - \rho g\Big]\Big\}$$

生产者的利润:

$$\pi_0^{0S} = \frac{1}{8k} \left\{ d + k \left[n(\rho - \bar{\rho}) - \rho c^0 - c^m - c_a^d - \rho c_j^t + \rho r + b + \rho g \right] \right\}^2$$

零售商的利润:

$$\pi_1^{0S} = \frac{1}{16k} \left\{ d + k \left[n(\rho - \bar{\rho}) - \rho c^0 - c^m - c_a^d - \rho c_j^t + \rho r + b + \rho g \right] \right\}^2$$

二、生产者自主回收模式决策模型

该模式下,生产者完全通过自身的营销网络的逆向物流体系,自主回收自己产品的废弃物,经过拆解处理后实现资源化循环再利用。整个过程中,EOL 产品的回收处置成本完全由生产者承担,销售商仅负责销售产品。

假设消费者在押金政策下能够主动返还废弃物,生产者能够完成法定回收率,获得超法定回收率单位产品补贴 n;拆解物料达到法定环保标准率的基础上,产品生态环评等级在 $\eta_{铜}$ 以上,政府给予生产者单位产品生态设计补贴 b,物料超环评单位产品奖励 g。生产者的利润由向零售商提供产品的销售收入−产品制造成本−产品设计成本−EOL 产品回收成本−拆解处置 EOL 产品的成本+因使用回收材料生产产品而节约的成本+企业产品生态设计激励收益 $M(\eta)$+回收激励收益 $F(\rho)$+拆解处置激励收益 $N(z)$。设 π_0^1 表示生产者利润函数,π_1^1 表示销售商利润函数。

生产商的利润函数如下:

$$\begin{aligned} \pi_0^1 &= q\theta - qc^m - qc_a^d - \rho qc^1 - \rho qc_j^t + \rho qr + F(\rho) + M(\eta) + N(z) \\ &= (d - kp) \left[\theta - c^m - c_a^d - \rho c^1 - \rho c_j^t + \rho r + b + \rho g + (\rho - \bar{\rho})n \right] \end{aligned}$$

零售商的收益等于销售收入减去销售成本,利润函数如下:

$$\pi_1^1 = q(p - \theta) = (d - kp)(p - \theta)$$

零售商承担回收主体模式下回收模式决策模型为：

$$\max \pi_0^1 = (d-kp)\left[\theta - c^m - c_a^d - \rho c^1 - \rho c_j^t + \rho r + b + \rho g + (\rho - \bar{\rho})n\right]$$

$$\text{s.t.} \max \pi_1^1 = (d-kp)(p-\theta)$$

利用模型（7.1）的求解方法，得到以下结果：

$$p^1 = \frac{1}{4k}\left\{3d - k\left[\rho r + b + \rho g + (\rho - \bar{\rho})n - c^m - c_a^d - \rho c^1 - \rho c_j^t\right]\right\}$$

$$\theta^1 = \frac{1}{2k}\left\{3d - k\left[\rho r + b + \rho g + (\rho - \bar{\rho})n - c^m - c_a^d - \rho c^1 - \rho c_j^t\right]\right\}$$

生产者利润：

$$\pi_0^1 = \frac{1}{8k}\left\{d + k\left[\rho r + b + \rho g + (\rho - \bar{\rho})n - c^m - c_a^d - \rho c^1 - \rho c_j^t\right]\right\}^2$$

零售商利润：

$$\pi_1^1 = \frac{1}{16k}\left\{d + k\left[\rho r + b + \rho g + (\rho - \bar{\rho})n - c^m - c_a^d - \rho c^1 - \rho c_j^t\right]\right\}^2$$

三、生产者自营模式决策与责任承担分析

通过对生产者自营的两种回收处理模式决策模型的分析，可以得出以下结论：

结论 1：标准管制政策下，在完成法定回收目标、产品环境认证标准、物料回收认证标准的情况下，生产者自建回收系统的两种回收模式中生产者的利润均增加了产品生态设计补贴 b，物料超环评单位产品奖励 g，以及超法定回收率单位产品补贴 n；且产品的环境友好程度、EOL 产品回收率及 EOL 产品拆解环保程度越高，获得的经济补贴越高，生产者与零售商的利润也越高，有效激励了产品生态化设计与 EOL 产品处置的无害化与循环再利用。

对结论 1 的分析：生产者自建回收系统主要体现在生产者对产品的生态设计决策，及 EOL 产品拆解处置与再生利用的主体行为责任，产品环境认证评估政策

将有力促进生产者强化绿色生态技术研发,改进产品生产设计,降低 EOL 产品拆解工作的复杂性和拆解过程的破损率,使得产品易于回收和再利用,提高产品的绿色化程度;再加上物料回收认证与等级补贴政策的激励,追求利益最大化的本性将促使生产者对回收产品的充分利用,提高 EOL 产品的回收利用效率,实现资源价值最大化。超法定回收率的补贴,也将进一步驱动责任主体提高 EOL 产品回收率。

结论 2:两种回收模式下,生产者利润函数表示,生产者的利润均是 r 的增函数,r 越大,生产者的利润越大,责任主体对 EOL 的实际回收率 ρ 越大,r 对生产者利润的提升效应越大。

对结论 2 的分析:r 表示因使用废弃物回收处理后的再生资源材料生产产品而节约的成本,而由 c^m 完全使用初始原材料生产产品的成本,减去使用回收再利用的零部件与材料生产产品的单位成本,即 $r = c^m - c^r$。使用原材料生产产品的单位成本 c^m 在一定时间内可视为常量,因此 r 的提高主要通过降低 EOL 回收处置成本 c^r 来实现。c^r 一般包括生产者为获得 EOL 产品而发生的回收费用、EOL 拆解处理费用及其他生产费用。生产者在产品环境认证评估与物料回收认证评估等政策激励下,将趋于提高产品的环保性设计与物料拆解的无害化水平,进一步提高再生资源的使用效率,实现成本和收益的再配置,有效降低 c^r,使得 r 增加,最终生产者利润得以提升。

结论 3:生产者自建回收系统的两种回收模式,生产者和零售商两者不同单位回收成本的大小决定了回收模式的选择与延伸责任的分担。

对结论 3 的分析:

(1)两种回收模式中,当回收主体单位回收成本 c 相同时,出现了生产者利润 π_0^k、零售商利润 π_1^k 分别相等的现象,说明生产者自营回收系统两种模式的选择主要取决于对回收主体的单位回收成本的比较。

由表 7-1 可以看出,当零售商作为回收方的单位成本较高时,即 $c^0 > c^1$,零售商回收收益较低。回收成本较高使得产品出售价格 p 也总是高于生产者自主回收模式下的产品价格，因此产品的销售规模难以提升，生产者利润不能得到提升。因此，生产者将选择自主回收模式回收 EOL 产品。消费者仅负责将 EOL 产品返还，延伸责任由生产者主要承担。

表 7-1　生产者自建回收模式下不同回收成本比较的主体收益明细表

回收成本比较 c	$c^0 = c^1$	$c^0 < c^1$	$c^0 > c^1$
产品批发价格 θ	$\theta^{0Y} < \theta^{0S}$	$\theta^{0Y} < \theta^{0S}$	$\theta^{0Y} < \theta^{0S}$
产品零售价格 p	$p^{0Y} = p^{0S} = p^1$	$p^{0Y} = p^{0S} < p^1$	$p^{0Y} = p^{0S} > p^1$
生产者利润 π_0^k	$\pi_0^{0Y} = \pi_0^{0S} = \pi_0^1$	$\pi_0^{0Y} = \pi_0^{0S} > \pi_0^1$	$\pi_0^{0Y} = \pi_0^{0S} < \pi_0^1$
零售者利润 π_1^k	$\pi_1^{0Y} = \pi_1^{0S} = \pi_1^1$	$\pi_1^{0Y} = \pi_1^{0S} > \pi_1^1$	$\pi_1^{0Y} = \pi_1^{0S} < \pi_1^1$

同理，当 $c^0 < c^1$ 时，采用零售商回收模式较生产者自主回收将给生产者带来更高的利润。这种情况下，生产者将选择零售商回收模式回收 EOL 产品。消费者负责返还 EOL 产品，零售商负责回收，生产者将承担 EOL 产品的回收处置与再生利用责任。

（2）两种回收模式中，当零售商作为回收方的单位成本较高时，生产者将选择自主回收模式，延伸责任由生产者、消费者分担；当生产者作为回收方单位成本较高时，生产者将选择零售商回收模式，延伸责任由生产者、零售商、消费者分担；生产者基于利润最大化原则下作出的回收模式选择，将使得生产者、零售商、消费者利润均取得最大化。

结论 4：零售商作为回收方时生产者与零售商双方的利润函数表示，零售商对生产者来说，无论是有偿回收，还是免费回收，生产者利润、零售商利润均相同，说明生产者一旦将 EOL 回收工作委托给零售商，是否向其支付回收费用对双方利润不产生影响。

对结论 4 的分析：由零售商作为回收方向生产者收取回收费用与不收取费用两种决策模型分析可知，当零售商收取生产者回收业务费用时，产品批发价格 θ 中包含了生产者支付的回收费用，导致 $\theta^{0Y} < \theta^{0S}$，也就是说生产者在委托零售商回收 EOL 产品时支付的费用，又在产品出手给零售商时将其加价在了批发价格中；而产品的出售价格却未改变，$p^{0Y} = p^{0S}$，导致生产者利润与零售商利润均未改变。总体来看，零售商无论是否收费，其利润不变。因此，当生产者委托零售商承担 EOL 产品回收工作时可不向其付费，此时零售商具有承担 EOL 产品回收的责任。

第五节　回收业务外包模式决策模型分析

一、第三方回收模式决策模型

该模式下，零售商负责销售，生产者将 EOL 产品回收处理责任委托给第三方专业回收处理企业（第三方回收处理企业可以是一家企业，也可以是多家专业回收企业和 EOL 产品处理企业，为简化分析，假定生产者只与一家第三方专业回收处理企业存在合作关系）。生产者通过与第三方专业回收处理企业签订协议，由第三方企业负责对 EOL 产品进行回收处理，生产者支付第三方专业回收处理企业一定的费用 F_s，不再承担其他的财务风险。第三方企业按照协议负责回收 EOL 产品，并进行回收处理利用，假定研究中第三方企业对 EOL 的回收率超过立法规定的法定回收率 $\bar{\rho}$，EOL 产品处置物料达到回收认证评估标准 $\bar{z}$ 以上，假定第三方回收处理后资源再利用单位收益为 h。

假设生产者产品生态环评等级在 $\eta_{铜}$ 以上，政府给予生产者单位产品生态设计补贴 b。生产者的利润由向零售商提供产品的销售收入－产品制造成本－产品设计成本－支付给第三方的回收处理费 F_s＋企业产品生态设计激励收益 $M(\eta)$。设 π_0^2 表示生产者利润函数：

$$\pi_0^2 = q\theta - qc^m - qc_a^d - F_s + qb$$
$$= (d - kp)(\theta - c^m - c_a^d + b) - F_s$$

假设消费者在押金政策下能够主动返还废弃物,第三方能够完成法定回收率,获得超法定回收率单位产品补贴为 n;拆解物料达到法定环保标准率的基础上,物料超环评标准单位产品奖励为 g。第三方企业利润由生产者提供的回收处置费用－回收成本－拆解处置成本＋回收激励收益 $F(\rho)$＋拆解处置激励收益 $N(z)$＋出售再利用资源收益。设 π_2^2 表示第三方企业利润函数:

$$\pi_2^2 = F_2 - \rho q c^2 - \rho q c_j^t + qn(\rho - \bar{\rho}) + q\rho g + q\rho h$$
$$= (d - kp)\left[(\rho - \bar{\rho})n + \rho g + \rho h - \rho c^2 - \rho c_j^t\right] + F_s$$

设 π_1^2 表示零售商利润函数,销售商的收益等于销售收入减去销售成本,利润函数如下:

$$\pi_1^2 = q(p - \theta) = (d - kp)(p - \theta)$$

该模式决策模型如下:

$$\max \pi_0^2 = (d - kp)(\theta - c^m - c_a^d + b) - F_s$$
$$\text{s.t.} \max \pi_1^2 = (d - kp)(p - \theta)$$
$$\max \pi_2^2 = (d - kp)\left[(\rho - \bar{\rho})n + \rho g + \rho h - \rho c^2 - \rho c_j^t\right] + F_s$$

利用模型(7.1)的求解方法,得到以下结果:

$$p^2 = \frac{1}{4k}\left[k(c^m + c_a^d - b) + 3d\right]$$

$$\theta^2 = \frac{1}{2k}\left[k(c^m + c_a^d - b) + d\right]$$

生产者利润:

$$\pi_0^2 = \frac{1}{8k}\left[d - k(c^m + c_a^d - b)\right]^2 - F_s$$

零售商利润:

$$\pi_1^2 = \frac{1}{16k}\left[d - k(c^m + c_a^d - b)\right]^2$$

第三方企业利润：

$$\pi_2^2 = \frac{1}{4}\Big[d - k(c^m + c_a^d - b)\Big]\Big[(\rho - \bar{\rho})n + \rho g + \rho h - \rho c^2 - \rho c_j^t\Big] + F_s$$

二、生产者责任组织回收模式决策模型

生产者责任组织回收模式下，生产者通过向 PRO 缴纳一定金额的注册费 F_{PRO} 将 EOL 回收处置的责任委托给 PRO，承担法律规定的罚款风险（未达法定回收率和物料回收认证标准罚款）。零售商负责销售，生产者责任组织（PRO）负责从消费者手中回收 EOL 产品，EOL 产品拆解处理后的再生资源供生产商再利用。

假定生产者产品生态环评等级在 $\eta_{铜}$ 以上，政府给予生产者单位产品生态设计补贴 b。生产者的利润为向零售商提供产品的销售收入 − 产品制造成本 − 产品设计成本 − 支付给 PRO 的回收处理费 F_{PRO} + 因使用回收材料生产产品而节约的成本 + 企业产品生态设计激励收益 $M(\eta)$。设 π_0^3 表示生产者利润函数：

$$\begin{aligned}
\pi_0^3 &= q\theta - qc^m - qc_a^d - F_{PRO} + q\rho r + qb \\
&= (d - kp)(\theta - c^m - c_a^d + \rho r + b) - F_{PRO}
\end{aligned} \tag{7.5}$$

零售商的利润为销售收入减去销售成本，设 π_1^3 为零售商利润函数：

$$\pi_1^3 = (d - kp)(p - \theta)$$

生产者责任组织属非营利性机构，假设消费者在押金政策下能够主动返还废弃物，生产者责任组织能够完成法定回收率，获得超法定回收率单位产品补贴 n；拆解物料达到法定环保标准率的基础上，物料超环评单位产品奖励 g。其收益为由生产者支付的回收与拆解处置费用 F_{PRO} + 回收激励收益 $F(\rho)$ + 拆解处置激励收益 $N(z)$ − 回收成本 − 拆解处置成本，设 π_3^3 表示生产者责任组织收益函数：

$$\begin{aligned}
\pi_3^3 &= F_{PRO} + q(\rho - \bar{\rho})n + q\rho g - q\rho c^3 - q\rho c_j^t \\
&= (d - kp)\Big[(\rho - \bar{\rho})n + \rho g - \rho c^3 - \rho c_j^t\Big] + F_{PRO} = 0
\end{aligned}$$

因此，$F_{PRO} = (d - kp)\Big[\rho c^3 + \rho c_j^t - (\rho - \bar{\rho})n - \rho g\Big]$。

将其代入式（7.5），得到 PRO 模式决策模型：

$$\max \pi_0^3 = (d - kp)\left[\theta - c^m - c_a^d + \rho r + b + \rho g + (\rho - \overline{\rho})n - \rho c^3 - \rho c_j^t\right]$$

$$\text{s.t.}\max \pi_1^3 = (d - kp)(p - \theta)$$

利用模型（7.1）的求解方法，得到以下结果：

$$p^3 = \frac{1}{4k}\left\{k\left[c^m + c_a^d - \rho r - b - \rho g - (\rho - \overline{\rho})n + \rho c^3 + \rho c_j^t\right] + 3d\right\}$$

$$\theta^3 = \frac{1}{2k}\left\{k\left[c^m + c_a^d - \rho r - b - \rho g - (\rho - \overline{\rho})n + \rho c^3 + \rho c_j^t\right] + d\right\}$$

生产者利润：

$$\pi_0^3 = \frac{1}{8k}\left\{d - k\left[c^m + c_a^d - \rho r - b - \rho g - (\rho - \overline{\rho})n + \rho c^3 + \rho c_j^t\right]\right\}^2$$

零售商利润：

$$\pi_1^3 = \frac{1}{16k}\left\{d - k\left[c^m + c_a^d - \rho r - b - \rho g - (\rho - \overline{\rho})n + \rho c^3 + \rho c_j^t\right]\right\}^2$$

三、购置物料回收认证证书模式决策模型

该模式下，零售商负责销售，生产者通过向第三方专业回收处理企业购置一定数量的物料回收认证书（MRCs）来完成延伸责任，同时承担法定回收率下的财务风险。假设生产者购置的单位产品 MRC 费用为 f_{wl}；生产者能够完成法定回收率 $\overline{\rho}$，获得超法定回收率单位产品补贴 n；假设生产者产品生态环评等级在 $\eta_{铜}$ 以上，政府给予生产者单位产品生态设计补贴 b。

生产者的利润为向零售商提供产品的销售收入－产品制造成本－产品设计成本－支付给第三方的 MRCs 费用＋企业产品生态设计激励收益 $M(\eta)$＋回收激励收益 $F(\rho)$。设 π_0^4 表示生产者利润函数：

$$\pi_0^4 = q\theta - qc^m - qc_a^d - q\rho f_{wl} + qb + q(\rho - \overline{\rho})n$$
$$= (d - kp)\left[\theta - c^m - c_a^d - \rho f_{wl} + b + (\rho - \overline{\rho})n\right]$$

假设第三方专业回收处理企业拆解物料能够达到法定环保标准，物料超环评标准单位产品奖励 g，再生资源单位收益为 h。第三方企业利润为出售给生产者的物料回收证书费−回收成本−拆解处置成本+拆解处置激励收益 $N(z)$ +再生资源收益。设 π_2^4 表示第三方企业利润函数：

$$\pi_2^4 = \rho q f_{wl} - \rho q c^4 - \rho q c_j^t + q\rho g + q\rho h$$
$$= (d - kp)(\rho f_{wl} + \rho g + \rho h - \rho c^4 - \rho c_j^t)$$

设 π_1^4 表示零售商利润函数，销售商的收益等于销售收入减去销售成本，利润函数如下：

$$\pi_1^2 = q(p - \theta) = (d - kp)(p - \theta)$$

该模式决策模型如下：

$$\max \pi_0^4 = (d - kp)\left[\theta - c^m - c_a^d - \rho f_{wl} + b + (\rho - \overline{\rho})n\right]$$
$$\text{s.t.} \max \pi_1^4 = (d - kp)(p - \theta)$$
$$\max \pi_2^4 = (d - kp)(\rho f_{wl} + \rho g + \rho h - \rho c^4 - \rho c_j^t)$$

利用模型（7.1）的求解方法，得到以下结果：

$$p^4 = \frac{1}{4k}\left\{k\left[c^m + c_a^d + \rho f_{wl} - b - (\rho - \overline{\rho})n\right] + 3d\right\}$$

$$\theta^4 = \frac{1}{2k}\left\{k\left[c^m + c_a^d + \rho f_{wl} - b - (\rho - \overline{\rho})n\right] + d\right\}$$

生产者利润：

$$\pi_0^4 = \frac{1}{8k}\left\{d - k\left[c^m + c_a^d + \rho f_{wl} - b - (\rho - \overline{\rho})n\right]\right\}^2$$

零售商利润：

$$\pi_1^4 = \frac{1}{16k}\left\{ d - k\left[c^m + c_a^d + \rho f_{wl} - b - (\rho - \bar{\rho})n \right] \right\}^2$$

第三方企业利润：

$$\pi_2^4 = \frac{1}{4}\left\{ d - k\left[c^m + c_a^d + \rho f_{wl} - b - (\rho - \bar{\rho})n \right] \right\}\left(\rho f_{wl} + \rho g + \rho h - \rho c^4 - \rho c_j^t \right)$$

四、回收业务外包模式决策与责任承担分析

回收业务外包模式下，第三方回收模式由生产者委托给第三方回收处理企业完成 EOL 产品法定回收处置目标任务，再生资源转入市场流通；生产者责任组织模式下，生产者通过缴纳注册费 F_{PRO}，委托 PRO 组织对其 EOL 产品回收处置，产出的再生资源转交给生产者循环利用；购置物料回收认证证书模式，生产者通过购置一定数量的 MRCs 来完成延伸责任，自己承担法定回收率标准下财务风险，再生资源转入市场流通。通过以上三种业务外包模式决策模型的分析，可以得出以下结论：

结论 1：与生产者责任组织模式和购置 MRCs 模式相比，第三方专营模式下生产者仅在产品生态设计阶段获得激励，再生资源的使用效率取决于市场发展的充分程度。

对结论 1 的分析：从第三方专营模式下生产者利润函数可以看出，生产者仅可通过产品环境认证标准超标后的生态设计激励；生产者通过支付给第三方企业回收处置费 F_s 的方式将废弃物的回收处置责任外包，第三方处置后的再生资源需要转售给生产者加以利用。生产者对再生材料的利用需要付出回收处置费 F_s 与二次资源获取费用 h，该成本与生产者自行拆解回收处置后资源的利用成本相比，主要取决于第三方市场的竞争程度与规模经济是否能够降低回收处置体系的运行成本。

结论 2：购置物料回收证书模式和第三方回收模式相比，能够同时激励生产者改进产品设计、增加 EOL 产品回收率；由于运作方式更具灵活性，短期内的市

场竞争性可能高于第三方回收模式，导致成本较低，费用较低。

对结论 2 的分析：虽然两者都属于外包给第三方回收处理企业，但是通过生产者利润函数可以看出，购置证书模式下，短期内单位证书费用 f_{wl} 一定的情况下，生产者利润 π_0^4 与 EOL 产品的超回收率 ρ 之间呈正相关关系，所以随着生产者购买回收认证证书数量的增加，即 ρ 的增加，生产者利润递增。

第三方模式下生产者与第三方通过契约方式委托废弃物回收处置业务，契约期间（一年或几年）内双方约定费用 F_s 不变，与基于市场机制调节的 f_{wl} 相比灵活性较差，不利于企业对废弃物处理技术的改进与成本降低。

结论 3： 生产者利润的大小主要取决于回收业务外包费用与政府财税优惠和补贴的大小，与第三方回收模式和购置物料回收证书模式比较，PRO 模式下生产者可以得到更多的利润。

对结论 3 的分析：通过生产者的利润函数可以发现，三种模式下生产者的利润比较中，除业务外包费用外，政府依据产品环境友好性等级给予的财税优惠、物料回收认证下的补贴收益与产品环境评估认证奖励也成为模式选择的重要依据。具体到决策模型中，只需要将 PRO 组织模式下生产者使用再生资源节省成本收益 ρr 与物料拆解超标、EOL 产品回收超标收益的合计值，与生产者支付给第三方模式中的处置费用 F_s、物料回收证书费用 $q\rho f_{wl}$ 比较。

假设三种模式下 EOL 产品回收处置水平相同，即物料回收认证等级相同。由于 PRO 模式下，生产者缴纳的注册费只是 EOL 回收处置费用与政府补贴给相应物料回收等级与回收超标补贴的差额，因此，该费用要低于另外两种模式下的相应等级的 EOL 产品回收处置费。第三方模式下，政府给予的物料回收与回收超标补贴均流向了第三方回收商，同时与 PRO 组织相比，第三方在运营过程中也要赢利。因此，与第三方回收模式比较，PRO 模式下生产者可以得到更多的利润。此时，延伸责任由生产者、生产者责任组织与消费者共同分担。

第六节　生产者与第三方联合模式决策模型分析

一、生产者与第三方联合模式决策模型

这一模式是生产者自营回收处置模式与第三方企业回收处置模式的有机结合，在此模式下，生产者依托自身的销售渠道、维修网点的逆向物流优势直接对自己生产的产品进行回收，而回收得到的废弃电器电子产品委托给第三方进行拆解处置。生产者支付给第三方企业一定的拆解处置费 F_l，第三方处置完毕后获得的再生资源免费转交给生产者再生利用。零售商负责销售商品。

假定生产者产品生态环评等级在 $\eta_{铜}$ 以上，EOL 产品回收率达 $\bar{\rho}$ 以上，政府给予生产者单位产品生态设计补贴 b 及超法定回收率单位产品补贴 n。生产者利润为零售商提供产品的销售收入－产品制造成本－产品设计成本－EOL 产品回收成本－支付给第三方的拆解处置费 F_l＋因使用回收材料而节约的成本＋企业产品生态设计激励收益 $M(\eta)$＋回收激励收益 $F(\rho)$。设 π_0^5 表示生产者利润函数：

$$\pi_0^5 = q\theta - qc^m - qc_a^d - \rho qc^5 - F_l + \rho qr + qb + (\rho - \bar{\rho})qn$$
$$= (d - kp)\left[\theta - c^m - c_a^d - \rho c^5 + \rho r + b + (\rho - \bar{\rho})n\right] - F_l$$

零售商的利润为销售收入减去销售成本，设 π_1^5 为零售商利润函数：

$$\pi_1^5 = (d - kp)(p - \theta)$$

假定第三方拆解企业拆解物料能够达到法定环保标准率，获得物料超环评单位产品奖励 g。其收益为由生产者支付的拆解处置费用 F_l＋拆解处置激励收益 $N(z)$－拆解处置成本，设 π_2^5 表示第三方企业利润函数：

$$\pi_2^5 = (d - kp)\rho(g - c_j^t) + F_l$$

生产者与第三方联合模式决策模型如下：

$$\max \pi_0^5 = (d - kp)\left[\theta - c^m - c_a^d - \rho c^4 + \rho r + b + (\rho - \bar{\rho})n\right] - F_l$$

$$\text{s.t.} \max \pi_1^5 = (d - kp)(p - \theta)$$

$$\max \pi_2^5 = (d - kp)\rho(g - c_j^t) - F_l$$

利用模型（7.1）的求解方法，得到以下结果：

$$p^5 = \frac{1}{4k}\left\{k\left[c^m + c_a^d + \rho c^5 - \rho r - b - (\rho - \overline{\rho})n\right] + 3d\right\}$$

$$\theta^5 = \frac{1}{2k}\left\{k\left[c^m + c_a^d + \rho c^5 - \rho r - b - (\rho - \overline{\rho})n\right] + d\right\}$$

生产者利润：

$$\pi_0^5 = \frac{1}{8k}\left\{d - k\left[c^m + c_a^d + \rho c^5 - \rho r - b - (\rho - \overline{\rho})n\right]\right\}^2 - F_l$$

零售商利润：

$$\pi_1^5 = \frac{1}{16k}\left\{d - k\left[c^m + c_a^d + \rho c^5 - \rho r - b - (\rho - \overline{\rho})n\right]\right\}^2$$

第三方企业利润：

$$\pi_2^5 = \frac{1}{4}\left\{d - k\left[c^m + c_a^d + \rho c^5 - \rho r - b - (\rho - \overline{\rho})n\right]\right\}\rho(g - c_j^t) + F_l$$

二、生产者与第三方联合模式决策与责任承担分析

通过以上对生产者与第三方联合回收模式决策分析，可以得到以下结论：

结论 1：利润最大化原则下，生产者将选择具有一定规模效应的第三方合作，第三方也将着力降低 EOL 处置成本，提高处置质量。

对结论 1 的分析：由生产者利润函数可以发现，生产者支付给第三方的拆解处置费用影响生产者利润，在完成法定物料回收认证标准的情况下，生产者将选择购置较低成本的物料回收证书，即选择相同等级物料证书而费用较低的第三方合作。第三方企业的处置规模直接决定了 EOL 产品的单位处置成本越低，

规模越大，回收处置成本越低，相应的物料回收认证书费用也越低，第三方利润也越大。从第三方利润函数来看，影响其利润的除生产者支付的回收处置费用 F_l 外，还有政府依据物料回收认证等级给予的拆解处置激励收益 $N(z)$，为取得较高的政府补贴，提高利润率，第三方企业将努力提高物料拆解处置质量，同时降低处置成本。

结论2：生产者使用回收材料生产产品的节约成本 r 的水平与生产者利润均成正比。

对结论2的分析：生产者对 EOL 产品的回收成本 c 和使用回收材料生产产品的节约成本 r 也影响着生产者的利润。从生产者利润函数来看，生产中使用再生资源原材料生产产品的节约成本 r 的大小与生产者利润成正比，而在短期内初始原材料成本价格不变的情况下，使用采购初始原材料生产产品的单位成本 c^m 不变，因此 r 的大小由回收处理成本 c 决定，c 越高，r 越小。因此，生产者选择合作的第三方企业规模效应越大，处置成本越低，则生产者付出的处置成本也越低；同时生产者对 EOL 产品的回收成本 c 与生产者利润成反比，因此，在 EOL 产品回收过程中应着力降低相关成本，提高生产者利润。

在此模式下，延伸责任由生产者、消费者、第三方回收处置企业共同分担。

第七节　政策工具激励成效与责任分担情况分析

EPR 制度下，生产者为完成法定 EOL 产品回收处置延伸责任，可按照自身实力水平选择生产者自营回收模式、回收业务外包模式或生产者与第三方联合回收模式等。以上对各回收模式的决策分析中，加入了政策工具的函数变量，以考察在政策工具的约束与激励下，如何实现生产者的经济责任与产品的环保设计相联系，如何确保电子垃圾回收处理效果与环境影响相联系，以及产业链上各利益相关方的责任分担与权利、利益的明确划分等。

一、生产者决定延伸责任分担方式

生产者对回收模式的选择决定了延伸责任的分担。生产者拥有回收模式选择的相对主导权，是决定延伸责任分担方式的主要责任者。从 EPR 定义来看，生产者要为其产品的全生命周期内的环境影响承担责任，最重要的是要对 EOL 产品承担回收处置责任，因此选择哪种回收处置模式主要在于生产者利润的大小。通过以上各类回收模式决策模型的分析，可以发现，无论生产者选择哪种模式，不同单位的回收（处置）成本或回收业务外包费用的大小决定了生产者回收模式的选择与延伸责任的分担：生产者自营模式下，生产者将选择生产者回收成本或零售商回收成本较低的模式；生产者与第三方联合回收模式下，生产者倾向于选择具有一定规模效应，EOL 产品处置成本较低的第三方合作；回收业务外包模式下生产者利润的大小主要取决于回收业务外包费用的大小，与第三方回收模式比较，生产者更青睐于非营利性 PRO 组织模式；通过比较 PRO 组织模式、生产者与第三方联合模式下生产者利润函数可以发现，PRO 组织回收处置成本 c^3 与联合模式下生产者回收成本 c^4 的大小比较，也成为生产者选择两种回收模式的重要因素之一。

二、押金—退款政策激励消费者、销售者责任承担

在我国消费者视废弃电器电子产品为有价商品，废弃物回收处在正规回收利用体系与市场自发形成的非正规回收利用体系的二元竞争的市场体系结构下，消费者能否承担延伸责任关系到 EPR 制度能否落到实处。考虑到消费者总体环保意识水平不高与传统废弃物处置观念的综合影响，直接参鉴发达国家要求消费者承担废弃物处置费用、主动返还废弃物的经济、行为责任在我国实践中不具有实际可行性。为此，本书提出在消费者环保意识水平由较低逐渐升高的过渡阶段，实施消费者押金—退款政策，激励消费者承担废弃物返还行为责任。按照第二节中

消费者效用函数表示，与出售给非正规回收处理部门、随意抛弃等废弃物处置方式相比，政府严格监管下，消费者将废弃物返还给正规回收处理部门的效用最大。按照自身效用最大化原则假设，押金－退款政策下消费者将主动承担废弃物返还的行为责任。

押金－退款政策下，当生产者采取零售商回收模式时，消费者将 EOL 产品返还给零售商时，零售商将垫付押金退回给消费者。同时，零售商负责将回收的 EOL 产品分类、收集并运送至生产者。在此过程中，零售商需要遵从 EOL 产品回收规制，享受 EOL 超回收补贴。按照第四节零售商回收决策模型分析，零售商作为回收方是否向生产者收取回收费用，其最终利润不变。也就是说，在押金－退款政策下零售商责无旁贷需承担 EOL 回收责任。

三、利益相关方权责利明确划分

政策工具激励下，产业链上利益相关方的责任分担、权利与利益划分明确。延伸责任承担过程中，生产者选定了延伸责任承担方式，即 EOL 产品的回收处置模式后，相关方的权责利也随即得以明确。押金－退款政策下，消费者具有主动返还 EOL 产品的责任义务，同时拥有取回产品押金的权利。生产者自营模式下，生产者自主回收、处置利用 EOL 产品，除消费者外，生产者成为延伸责任的主要承担者；零售商回收模式下，零售商具有分类收集 EOL 产品的责任，延伸责任由生产者、零售商与消费者分担。回收业务外包模式下，受托方（第三方或 PRO 组织）承担 EOL 产品的回收与处置行为责任，生产者具有支付回收处置费用（或购置物料回收认证证书）的经济责任，延伸责任由生产者、消费者、受托方三者分担。生产者与第三方联合模式下，生产者自主回收 EOL 产品，并将其委托给第三方进行拆解处置，生产者具有废弃物回收的行为责任与支付拆解处置费用（购置物料回收认证证书）的经济责任，第三方拥有拆解处置的行为责任，同时获取相应利润的权利，延伸责任由生产者、消费者、第三方专业拆解处理企业分担。

四、EPR 运作体系经济效益与环境效益双赢

政策工具激励下，废弃电器电子产品 EPR 运作体系兼顾了经济效益与环境效益。所有回收模式下，生产者使用回收材料生产产品节约成本 r 的水平与生产者利润均成正比，r 越大，生产者的利润越大。r 的提高主要通过降低 EOL 产品回收处置成本 c 来实现，而产品环境友好性认证、物料回收认证与超回收率补贴等政策工具的激励将促使生产者改进产品设计，使得产品便于回收和再利用，提高 EOL 资源综合利用率，从而降低 c，r 增加，最终生产者的利润增加。

第八节 本章小结

（一）结合上章提出的政策工具设计，有针对性地提出押金—退款下的消费者效用函数、标准管制政策下回收激励函数、产品环境评估认证下设计激励函数、物料回收认证政策下处置激励函数，并对各政策工具函数的参数取值范围进行了经济学分析，政策工具组合的适用条件进行了阐释。

（二）构建逆向供应链下各参与主体在生产者自营、回收业务外包、生产者与第三方联合等三类、六种责任承担模式下的决策模型，考察政策工具如何在市场机制下实现对各责任主体的激励，及各自最优决策下的延伸责任分担。

（1）生产者自营模式下，两种回收模式中生产者的利润均增加了产品生态设计激励收益 $M(\eta)$ 与拆解处置激励收益 $N(z)$，且产品的环境友好等级 η 越高，获得的财税优惠越高；EOL 产品回收物料认证等级 z 越高，获得的经济补贴越高，有效激励了产品生态化设计与 EOL 产品处置的无害化与循环再利用；生产者利润函数表示，两种回收模式下，生产者的最大利润均是 r 的增函数，r 越大，生产者的利润越大，财税优惠和补贴政策工具的激励将大大提高 r 值，最终提升生产者利润；生产者和零售商两者不同单位回收成本的大小决定了回收模式的选择与延

伸责任的分担。

（2）回收业务外包模式下，无论生产者选择哪种模式，受委托方（第三方或 PRO 组织）均应努力降低回收成本，扩大回收规模；生产者利润的大小主要取决于回收业务外包费用与政府财税优惠和补贴的大小，与第三方回收模式比较，PRO 模式下生产者可以得到更多的利润。

（3）生产者与第三方联合模式下，生产者将选择具有一定规模效应的第三方合作，第三方也将着力降低 EOL 处置成本，提高处置质量；生产者使用回收材料生产产品的节约成本 r 的水平与 EOL 产品回收率和生产者利润均成正比。

（三）政策工具激励成效与责任分担情况分析。研究发现，生产者拥有回收模式选择的相对主导权，是决定延伸责任分担方式的主要责任者，而选择哪种回收处置模式主要在于生产者利润的大小，一旦生产者确定了责任承担模式，则在政策工具激励下，产业链上利益相关方的责任分担、权利与利益划分明确。废弃电器电子产品 EPR 运作体系兼顾了经济效益与环境效益。

第八章　结论与展望

本书以生产者责任延伸（EPR）的相关理论为基础，运用定性与定量相结合的研究方法，通过借鉴国外 EPR 延伸责任承担与政策制定实施的成功经验，结合我国废弃电器电子产品制度建设与实践中的问题，对 EPR 制度约束下利益相关方主体行为反应、政策工具激励下生产者 EOL 产品回收模式选择的决策问题与延伸责任的分担等问题进行了深入的研究。现将本书的主要研究成果及今后的研究方向总结如下。

第一节　结论

（一）系统阐述并提炼总结了国外废弃电器电子产品 EPR 激励政策工具与责任承担模式对我国的启示。通过分析比较德国、日本、瑞士等国家的电子废弃物生产者责任延伸制度运行体系中的责任承担模式、利益相关方利益协调与政府的管制与激励制度建设情况，以及延伸责任承担方式的特点、优势与不足等。结合我国 EPR 政策工具与责任承担现状提出：一是执行目标管理制度，对 EOL 产品回收、处理等责任实行标准管制政策；二是推行 IPR 与 CPR 相结合责任模式，基于我国目前主导的处理基金模式下生产者责任不完全，提出将处理基金的 CPR 模式与我国目前实行的电器电子产品 EPR 首批试点单位 IPR 模式相结合，为建立和完善电器电子产品领域 EPR 制度提供宝贵的实践经验；三是采用市场化运作方式，结合 EPR 试点工作，逐渐转变政府主导的管理模式为市场为主导的 EPR 运行机制；四是构建多主体参与的回收体系激励机制，进一步完善有关销售者、消费者等主体参与废弃物回收的激励约束机制，可考虑采取消费者押金制度，用以约束激励消费者将废弃后的产品返还，避免废弃物流向流动回收商贩或随意丢弃；五是完善生态化设计与无害化处置激励制度，通过对国外 EPR 实践中对于生态设计与无害化处置缺乏激励的制度缺陷问题的反思，提出我国废弃电器电子产品 EPR 制度建设中应强化生产者生态设计激励与废弃物无害化处置激励。

（二）分析了我国废弃电器电子产品 EPR 制度建设与运行情况。通过对正在实施的基金制度运行情况的调研，认为我国《条例》基金制度的实施，有效引导了废弃电器电子产品的回收逐渐转向以各种创新回收模式与传统回收模式共存的发展阶段，废弃物拆解处置环境效益明显，通过延伸责任试点工作，逐渐引导生产者构建产品全生命周期绿色供应链，有力促进了废弃电器电子产品处理技术的发展。调研发现，目前废弃电器电子产品领域 EPR 制度实施以处理基金模式为主，长虹、TCL、格力等大型企业自主承担模式，及工信部生产者延伸责任试点工作推动下，生产者与第三方联合等三种模式，为我国 EPR 制度建设与实践积累了丰富经验。但同时发现，处理基金模式下的 EPR 制度建设与实施存在诸多问题。一是基金管理需进一步规范化，处理基金针对不同种类的产品实施效果呈现差异，基金补贴审核周期长导致整体效率较低，目录产品种类太少，明显不能解决实际废弃物的回收处置问题；二是处理基金模式下生产者单纯以经济责任代替废弃物回收处置的行为责任，无法实现对产品前端源头预防、产品末端无害化处置形成连带激励；三是 EPR 制度实施中消费者、销售者参与程度较低，现行制度缺乏消费者、销售者参与的激励制度设计机制。

（三）探讨了我国废弃电器电子产品延伸责任承担模式。结合发达国家电子废弃物回收处置实践经验与启示，提出我国废弃电器电子产品的回收处置可以通过三种模式来实施：生产者利用自身的营销渠道、维修网点等自行投资构建废弃物回收的逆向物流体系，实现对本企业 EOL 产品的回收处置工作。无力自行完成回收处置的中小企业可将回收处置业务外包，采取第三方专营模式、生产者责任组织模式；提出基于物料回收认证证书市场流通下，生产者可采取购置物料回收认证证书完成延伸责任。生产者还可以采取与第三方联合承担模式承担延伸责任。

（四）对标准管制政策、补贴政策、押金退款政策、物料回收认证政策等政策工具发挥规制、激励作用的经济学原理进行阐释。政府通过标准管制政策对企业资源加以限制，实现社会福利的最大化，是对企业行为的直接约束，将会造成巨大的监督运行成本。为解决企业生产经营活动中产生的外部性，通常对负的外部性以加征税收作为经济处罚，对正的外部性给予补贴，调整生产者的边际私人成本与边际社会成本相等，或生产者的边际私人收益与边际社会收益相等，使得市场均衡达到最优。对消费者实行押金退款政策实际是以经济激励换取消费者协助返还废弃物。物料回收认证政策通过对 EOL 产品拆解物料环保程度的规制，可有效提高废弃物无害化处置水平，同时物料回收认证证书流通模式将进一步提高专业回收处理企业的竞争程度，从而降低处置成本。

（五）对我国废弃电器电子产品延伸责任激励政策工具进行了设计。针对生产者生产产品的原材料选择、产品设计、延长使用年限、节约能源等方面进行评估，实行产品生态设计评估认证政策。针对 EOL 产品回收处理水平、处理深度和除污性能等方面进行评估，实行 EOL 拆解物料环保程度评估。提出法定回收率、产品环境评估认证等级、拆解处置物料回收标准等管制标准，及超标准激励补贴政策，正反双面激励责任主体提高 EOL 产品回收率、提高产品生态设计水平和拆解物料环保程度。结合我国消费者环保意识水平与处置物传统观念，提出 EPR 政策下实行消费者押金－退款政策，激励其主动承担废弃物返还行为责任。

（六）对 EPR 政策工具实施过程中生产者、消费者和回收利用者等主要责任主体行为反应机理进行了分析。对生产者涉及的产品生命周期内产品设计、生产、废弃物回收利用阶段，在是否存在政府规制情形下的行为与决策行为进行分析，并分别就回收率标准、产品环境评估认证标准及拆解物料环保度等规制政策下，生产者如何采取有利于环保行为的内在机理进行阐释。对消费者对于废弃物可能的处置行为，及其是否规制的政策环境下的决策行为进行了分析，研究表明适当的押金额度设置可使得押金－退款政策有效激励消费者主动返还废弃物。对专业回收处理者在对 EOL 拆解处理经营活动中，是否存在物料回收环保认证规制政策，以及是接受生产者委托，还是出售物料回收证书等两种模式下的行为决策进行了分析。研究表明，物料回收认证政策无论在何种经营模式下均能有效激励回收处理者采取环境友好性更高的处理技术。

（七）结合上章提出的政策工具设计，针对性提出押金－退款政策下的消费者效用函数、标准管制政策下回收激励函数、产品环境评估认证下设计激励函数、物料回收认证政策下处置激励函数，并对各政策工具函数的参数取值范围进行了经济学分析，对政策工具组合的适用条件进行了阐释。

（八）构建逆向供应链下各参与主体在生产者自营、回收业务外包、生产者与第三方联合等三类、六种责任承担模式下的决策模型，考察政策工具如何在市场机制下实现对各责任主体的激励，及各自最优决策下的延伸责任分担。

（1）生产者自营模式下，两种回收模式中生产者的利润均增加了产品生态设计激励收益 $M(\eta)$ 与拆解处置激励收益 $N(z)$，且产品的环境友好等级 η 越高，获得的财税优惠越高；EOL 产品回收物料认证等级 z 越高，获得的经济补贴越高，有效激励了产品生态化设计与 EOL 产品处置的无害化与循环再利用；生产者利润函数表示，两种回收模式下，生产者的最大利润均是 r 的增函数，r 越大，生产者的利润越大，财税优惠和补贴政策工具的激励将大大提高 r 值，最终提升生产者利润；生产者和零售商两者不同单位回收成本的大小决定了回收模式的选择与延伸责任的分担。

（2）回收业务外包模式下，无论生产者选择哪种模式，受委托方（第三方或 PRO 组织）均应努力降低回收成本，扩大回收规模；生产者利润的大小主要取决于回收业务外包费用与政府财税优惠和补贴的大小，与第三方回收模式相比较，PRO 模式下生产者可以得到更多的利润。

（3）生产者与第三方联合模式下，生产者将选择具有一定规模效应的第三方合作，第三方也将着力降低 EOL 处置成本，提高处置质量；生产者使用回收材料生产产品的节约成本 r 的水平与 EOL 产品回收率和生产者利润均成正比。

（九）政策工具激励成效与责任分担情况分析。研究发现，生产者拥有回收模式选择的相对主导权，是决定延伸责任分担方式的主要责任者，而选择哪种回收处置模式主要在于生产者利润的大小，一旦生产者确定了责任承担模式，则在政策工具激励下，产业链上利益相关方的责任分担、权利与利益划分明确。废弃电器电子产品 EPR 运作体系兼顾了经济效益与环境效益。

第二节　展望

废弃电器电子产品领域 EPR 制度的实践在国内外，特别在发达国家取得了良好的成效，但仍存在一些不足和问题。本书试图通过对 EPR 制度特征与内涵解析的基础上，探索废弃电器电子产品领域 EPR 激励政策工具设计与延伸责任承担问题。虽然取得了一定的研究成果，但由于作者能力与水平所限，研究中还存在一些不足。今后将在以下方面深入研究：

（一）在对生产者回收模式决策模型分析时，本书就政策工具激励下生产者实现利润最优的条件与利益相关方的行为主体反应问题进行了研究，并取得了一些颇有价值的结论。但书中仅对各政策工具独立作用后的效应进行简单加总作为责任主体的最终收益，并未就政策工具之间的交叉影响进行深入分析，如产品环境认证评估主要激励生产者采取更高生态化的产品设计，而这必将使得拆解处理成本降低，同时使得拆解物料环保性提高；研究中提出的物料回收认证评估政策主要在于激励回收处理者采取环境友好性处理技术，目的也是提高废弃物拆解物料的环保性，但对于两个政策工具的交叉效应书中并未做深入研究，如政策工具交叉影响问题待日后深入探索。

（二）信息披露责任是生产者等责任主体重要的延伸责任之一，对促进环保产品销售、促进产品改善生态设计、EOL 产品回收处理等方面，以及生产者、零售者利润等主体均产生不同程度的影响，且相互之间交叉影响，对生产者信息披露责任承担的研究将是今后重要的研究方向。

参考文献

[1]   World Business Council for Sustainable Development. Sustainable consumption facts & trends: From a business perspective. Retrieved from http://www.wbcsd.org/pages/edocument/edocumentdetails.aspx?id=142, 2008.

[2]   Lim, S R, Schoenung J M. Human health and ecological toxicity potentials due to heavy metal content in waste electronic devices with flat panel displays[J]. Journal of Hazardous Materials, 2010, 177(1-3): 251-259.

[3]   杜欢政，靳敏，等，生产者责任延伸制度的中国实践[M]．北京：科学出版社，2017．

[4]   周昱．生产者延伸责任（EPR）制度法律研究[D]．上海：复旦大学，2008．

[5]   Lindhqvist, T.Extended Producer Responsibility in Cleaner Production: Policy Principle to Promote Enivronmental Improvements of Product Systems [D]. Lunds Universited Doctoral Dissertation, 2000.

[6]   Reijnders, L.Policies Influencing Cleaner Production: The Role of Prices and Regulation[J].Journal of Cleaner Production, 2003(3): 333-338.

[7]   Wilt, C.A., G.A.Davis, U.o.T.C.f.C.Products, C. Technologies. Extended Producer Responsibility: A New Principle for a New Generation of Pollution Prevention[M].University of Tennessee, Center for Clean Products and Clean Technologies, 1995.

[8]   李艳萍．论延伸生产者责任制度[J]．环境保护，2005（7）：13-15，38．

[9]   林晖．循环经济下的生产者责任延伸制度研究[D]．青岛：中国海洋大学，

2010.

[10] OECD. Phase2: FRAMEWORK REPORT in "Extended and Shared Producer Responsibility" [M]. ENV/EPOC/PPC (97)20/REV2, 1997, 10.

[11] 许志端，郭艺勋. 延伸厂商责任的回收模式研究[J]. 经济管理，2005(10): 65-70.

[12] 王兆华. 电子废弃物管理中的延伸生产者责任制度应用研究[J]. 工业技术经济，2006，04:57-59.

[13] Lindhqvist T, Lifset R. Can We Take the Concept of Individual Producer Responsibility from Theory to Practice[J]. Journal of Industrial Ecology, 2003, 07:3-6.

[14] Jacobs B W, Subramanian R. Sharing responsibility for product recovery across the supply chain [J]. Production and Operations Management, 2012, 21(1): 85-100.

[15] 刘慧慧，黄涛，雷明. 废旧电器电子产品双渠道回收模型及政府补贴作用研究[J]. 中国管理科学，2013，21(2):123-131.

[16] Spicer A J, Johnson M R. Third-party demanufacturing as a solution for extended producer responsibility [J]. Journal of Cleaner Production, 2004, 12(1):37-45.

[17] Fleischmann M, Nunen J A E, Grave B. Integrating closed-loop supply chains and spare-parts management at IBM [J]. Interfaces, 2003, 33(6):44-56.

[18] Lieb R C, Randall H L. CEO perspectives on the current status and future prospects of the third-party logistics industry in the United States [J]. Transport Logistics, 1996, 1(1):75-79.

[19] Lane, R., M.Watson. Stewardship of Things: The Radical Potential of Product Stewardship for Re-framing Responsibilities and Relationships to Product and Materials [J]. Geoforum, 2012, 43(6): 1254-1265.

[20] Atasu A, Subramanian R. Extended producer responsibility for E-waste: Individual or collective producer responsibility [J]. Production and Operations Management, 2012, 21(6):1042-1059.

[21] 岳辉，陈宇. 第三方逆向物流决策研究[J]. 物流技术，2004(6):38-40.

[22] 徐剑，张云里，金玉然. 废旧电子产品逆向物流的模式决策研究[J]. 物流科技，2006(4):14-16.

[23] 赵秀堃，李勇建，石丹. 基于 EPR 的供应链治理机制博弈分析[J]. 系统工程学报，2015，30(2):231-239，250.

[24] Savaskan R C, Bhattacharya S, Wassenhove L. Closed-Loop Supply Chain Models with Product Remanufacturing [J]. Management Science, 2004, 50(2): 239-252.

[25] 黄祖庆，易荣华，达庆利. 第三方负责回收的再制造闭环供应链决策结构的效率分析[J]. 中国管理科学，2008(3): 73-77.

[26] 黄宗盛，聂佳佳，胡培. 基于微分对策的再制造闭环供应链回收渠道选择策略[J]. 管理工程学报，2013，27(3):93-102.

[27] Huang M, Song M, Lee I H, et al. Analysis for strategy of closed-loop supply chain with dual recycling channel [J]. International Journal of Production Economic, 2013, 144(2): 510-520.

[28] Baumol, W.J. On Recycling as a Moot Environmental Issue [J]. Journal of Environmental Economics and Management, 1977, 4(1): 83-87.

[29] Tojo N. Extended Producer Responsibility as a Driver for Design Change: Utopia or Reality?[M]. Saarbrucken: VDM Verlag Dr Mueller EK, 2008.

[30] Forslind K H. Implementing extended producer responsibility: The case of Sweden's car scrapping scheme[J]. Journal of Cleaner Production, 2002, 13(5): 619-629.

[31] 钱勇. OECD 国家扩大生产者责任政策对市场结构与企业行为的影响[J]. 产业经济研究，2004(02): 9-18.

[32] Calcott, P., M. Walls. Can Downstream Waste Disposal Policies Encourage Upstream "Design for Environment"?[J]. The American Economic Review, 2000, 90(2): 233-237.

[33] Mitra S, Webster S. Competition in remanufacturing and the effect of government subsidies [J]. International Journal of Production Economics, 2008, 111(2): 287-298.

[34] Aksen D, Aras N, Karaarslan A G. Design and analysis fo government subsidized collection systems for incentive dependent returns[J]. International Journal of Production Economics, 2009, 119(2):308-327.

[35] Lifset R, Lindhqvist T. Producer responsibility at a turning point[J]. Journal of Industrial Ecology, 2008, 12(2): 144-147.

[36] 曹柬, 胡强, 吴晓波, 等. 基于 EPR 制度的政府与制造商激励契约设计[J]. 系统工程理论与实践，2013，33(03): 610-621.

[37] 吴怡, 诸大建. 生产者责任延伸制的 SOP 模型及激励机制研究[J]. 中国工业经济，2008(03): 32-39.

[38] 计国君, 黄位旺. WEEE 回收条例有效实施问题研究[J]. 管理科学学报，2012，15(05): 1-9, 96.

[39] 白少布, 刘洪. 基于 EPR 制度的闭环供应链协调机制研究[J]. 管理评论，2011，23(12): 156-165.

[40] 王玉燕. 政府规制下制造商实施 EPR 的模式研究[J]. 运筹与管理，2012，21(01): 226-232.

[41] 马卫民, 赵璋. 以旧换新补贴对具有不同等级产品闭环供应链的影响研究[J]. 中国管理科学，2013，21(03): 113-117.

[42] Giovanni P D, Zaccour G. A two-period game of a closed-loop supply chain[J]. European Journal of Operational Research, 2014, 232(1): 22-40.

[43] 白少布，刘洪. EPR 制度意义下制造商和零售商激励契约研究[J]. 中国管理科学，2012，20(03): 122-130.

[44] 王文宾，达庆利. 奖惩机制下具竞争制造商的废旧产品回收决策模型[J]. 中国管理科学，2013，21(05): 50-56.

[45] 王文宾，达庆利. 奖惩机制下闭环供应链的决策与协调[J]. 中国管理科学，2011，19(01): 36-41.

[46] 黄位旺，计国君. 回收处理基金、回收市场与生态设计[J]. 管理评论，2013，25(12): 42-49.

[47] Coase, R.H. The problem of social cost, Journal of Law and Economics, III, 1960(10): 1-44.

[48] Demsetz, H. The exchange and enforcement of property rights, Journal of Law and Economics, 1964(7): 11-26.

[49] Dales, J.H. Pollution, Property and Prices, Toronto, Canada, 1968.

[50] Crocker, T.D. The Structuring of Atmospheric Pollution Control Systems. In: The Economics of Air Pollution, H. Wolozin (ed.), New York, US, 1966.

[51] Montgomery, W.D. Markets and Licenses and Efficient Pollution Control Programs, Journal of Economic Theory, 5 (4), 1972(12): 395-418.

[52] Boyd J B, Krupnick D, Mcconnell A, et al. Trading cases: Is trading credits in created markets a better way to reduce pollution and protect natural resources?[J]. Environmental Science and Technology, 2003, 37(111):217-233.

[53] Salmons, Roger. A New Area for Application of Tradable Permits: Solid Waste Management. In: Implementing Domestic Tradeable Permits, Recent Developments and Future Challenges, OECD, 2002.

[54] ERM (Environmental Resources Management, European Commission). Tradeable Certificates for Recycling of Waste Electrical and Electronic Equipment, 1999.

[55] Philipp Bohr. The Economics of Electronics Recycling: New Approaches to Extended Producer Responsibility, PhD thesis, TU Berlin, 2007.

[56] Philipp Bohr. Collective, collaborative or competitive? An analysis of EPR approaches using material recovery certificates for the recycling of cooling and freezing appliances in Austria [A]. In proceedings of the international ECO-X conference on Sustainable Recycling Management & Recycling Network Centrope [C].Wien, 2007: 31-37.

[57] 才宽. 生产者责任制度与中国废弃电器电子回收处理体系的优化[J]. 家电科技，2019(01): 106-108.

[58] 邓与芮. 我国电子电器产品的生产者责任延伸制度研究[D]. 长沙：中南林业科技大学，2013.

[59] 魏金秀，汪永辉，李登新. 国内外电子废弃物现状及其资源化技术[J]. 东华大学学报（自然科学版），2005(03): 133-138.

[60] Griffith University.E-waste Curriculum Development Project: Phase 1 Literature Review [R].2006.

[61] Dlamini N G, Fujimura K, Yamasue E, et al. The environmental LCA of steel vs HDPE car fuel tanks with varied pollution control[J]. International Journal of Life Cycle Assessment, 2011, 16(5): 410-419.

[62] Foolmaun R K, Ramjeeawon T. Comparative life cycle assessment and social life cycle assessment of used polyethylene terephthalate (PET) bottles in Mauritius[J]. The International Journal of Life Cycle Assessment, 2013, 18(1): 155-171.

[63] Hopewell J, Dvorak R, Kosior E. Plastics recycling: challenges and opportunities[J]. Philosophical Transactions of the Royal Society B Biological Sciences, 2009, 364(1526), 2115-2126.

[64] Cierjacks A, Behr F, Kowarik I. Operational performance indicators for litter management at festivals in semi-natural landscapes[J]. Ecological Indicators, 2012, 13(1), 328-337.

[65] Barnes D, Galgani F, Thompson R C, et al. Accumulation and fragmentation of plastic debris in global environments[J]. Philosophical Transactions of the Royal Society B: Biological Sciences, 2009, 364(1526): 1985-1998.

[66] Teuten E L, Saquing J M, Knappe D, et al. Transport and release of chemicals from plastics to the environment and to wildlife[J]. Philosophical Transactions Biological Sciences, 2009, 364(1526): 2027-2045.

[67] F. O, Ongondo, et al. How are WEEE doing? A global review of the management of electrical and electronic wastes[J]. Waste Management, 2011, 31(4), 714-730.

[68] United States Environmental Protection Agency. Municipal Solid Waste. Overviews & Factsheets. [EB/OL]. http://www.epa.gov/epawaste/nonhaz/municipal/index.htm,2011/2013-08-27.

[69] Lawrence E O . Energy Efficiency Improvement and Cost Saving Opportunities for the Petrochemical Industry An ENERGY STAR Guide for Energy and Plant Managers.

[70] Roes A L, Marsili E, Nieuwlaar E, et al. Environmental and Cost Assessment of a Polypropylene Nanocomposite[J]. Journal of Polymers and the Environment, 2007, 15(3): 212-226.

[71] Pietrini M, Roes L, Patel M K, et al. Comparative life cycle studies on poly

(3-hydroxybutyrate)-based composites as potential replacement for conventional petrochemical plastics[J]. Macromolecules, 2007, 8(7): 2210-2218.

[72] What is E-waste [EB/OL].http: / /www.step -initiative.org/initiative/what-is-e waste.php.(2010-10-18)[2020-01-30].

[73] Nakajima N, Vanderburg W H. A Failing Grade for WEEE Take-Back Programs for Information Technology Equipment[J]. Bulletin of Science Technology & Society, 2005, 25(6), 507-517.

[74] Niu X, Li Y. Treatment of waste printed wire boards in electronic waste for safe disposal[J]. Journal of Hazardous Materials, 2007, 145 (3): 410-416.

[75] 赵一平，朱庆华，武春友. 我国汽车产业实施生产者延伸责任制的影响因素实证研究[J]. 管理评论，2008(01): 40-46, 64.

[76] Lindhqvist T, Lifset R. Getting the Goal Right: EPR and DfE[J].Journal of Industrial Ecology, 2008, 2(1): 6-8.

[77] OECD.Extended Poroducer Responsibility: A Guidance Manual for Governments[M].Paris: OECD Publishing, 2001.

[78] 国家环境保护总局污染控制司. 固体废弃物管理与法规——各国废弃物管理体制与实践[M]. 北京：化学工业出版社，2004.

[79] Sachs,Noah.Planning the Funeral to the Birth: Extended Producer Responsibility in the European Union and the United States[J],Harvard Environmental Law Review, 2006, 30(51): 52-98.

[80] 鲍健强，翟帆，陈亚青. 生产者延伸责任制度研究[J]. 中国工业经济，2007(08): 98-105.

[81] 李玮玮，盛巧燕. 生产者责任延伸制度：企业承担社会责任的可行路径[J]. 江苏商论，2008(09): 101-102.

[82] 温素彬，薛恒新. 面向可持续发展的延伸生产者责任制度[J]. 经济问题，

2005(02): 11-13.

[83] 刘画洁. 生产者延伸责任研究[D]. 上海：华东政法大学，2007.

[84] 张昱. 科层与网络的融合——社区组织的特性[J]. 华东理工大学学报(社会科学版)，2002(02): 56-61.

[85] 罗庆明，胡华龙，侯琼. 电子废物生产者责任延伸制的国外实践及对我国的启示[J]. 环境与可持续发展，2013(05): 54-56.

[86] 董军. 企业社会责任研究[D]. 南京：东南大学，2005.

[87] 贾生华，陈宏辉. 利益相关者的界定方法评述[J]. 外国经济与管理，2002，24(5): 13- 18.

[88] 基于利益相关者理论的废旧家电回收管理体系［EB/OL］. http://www.docin.com/p-1021222248.html. (2015-01-13)［2020-01-30］

[89] 黄栋，匡立余. 利益相关者与城市生态环境的共同治理[J]. 中国行政管理，2006(8): 48-51.

[90] 万君康. 论产品生命周期理论的发展及应用[J]. 武汉市经济管理干部学院学报，1999(01): 16-18, 24.

[91] 叶敏，万后芬. 基于循环经济的产品生命周期分析[J]. 中南财经政法大学学报，2005(03): 115-120, 144.

[92] 李兆前，齐建国. 循环经济理论与实践综述[J]. 数量经济技术经济研究，2004(09): 145-154.

[93] 李秀莲，金学霞，王志永，等. 企业环境会计信息在环境规制中的应用[J]. 大连民族学院学报，2007(06): 53-56.

[94] 赵红. 外部性、交易成本与环境管制——环境管制政策工具的演变与发展[J]. 山东财政学院学报，2004(06): 20-25.

[95] 郑云虹. 延伸生产者责任（EPR）制度下的企业行为研究[D]. 沈阳：东北大学，2008.

[96] Khetriwal D S, Kraeuchi P, Widmer R. Producer Responsibility for E-waste Management: Key Issues for Consideration: Learning from the Swiss Experience [J]. Journal of Environmental Management, 2007, 19(8): 1-13.

[97] Swiss Agency for the Environment, Forests and Landscape (SAEFL). Ordinance on the return, the taking back and the disposal of electrical and electronic equipment (ORDEE)[Z].1998, 14(2).

[98] 徐成，林翎，陈利. 瑞士电子废物生产者责任延伸制度[J]. 环境科学与技术，2008(03): 117-119.

[99] 阎利，刘应宗. 荷兰电子废弃物回收制度对我国的启示[J]. 西安电子科技大学学报(社会科学版)，2006(04): 60-66.

[100] Stevels, A. Experiences with the Take-Back of White and Brown Goods in the Netherlands[C]// Ecodesign: Second International Symposium on Environmentally Conscious Design & Inverse Manufacturing. IEEE, 2001: 489-493.

[101] 张科静，魏珊珊. 国外电子废弃物再生资源化运作体系及对我国的启示[J]. 中国人口·资源与环境，2009，19(02): 109-115.

[102] Manomaivibool, P. Extended Producer Responsibility in a Non-OECD Context: The Management of Waste Electrical and Electronic Equipment in India [J]. Resources, Conservation and Recycling, 2009, 53(03): 136-144.

[103] Z.K Jing,Stevels A, 哲伦. EPR——电子废物回收新体系[J]. 资源与人居环境，2010(05): 57-59.

[104] 阎利. 荷兰电子废弃物回收管理制度与收费模式对我国的借鉴意义分析[C]. 中国（天津）第三届国际绿色电子制造技术与产业发展研讨会（电子废弃物资源化与综合利用实施技术研讨会）论文集. 天津市电子学会，2005：198-214.

[105] Tojo N.. Extended Producer Responsibility as a Driver for Design Change: Utopia or Reality? IIEE Dissertations,Lund University, 2004.

[106] Tojo, N.. EPR Program for Electrical and Electronic Equipment in Japan: Brand Separation? INSEAD WEEE Directive Series Presentation, 2006.

[107] 邓毅, 孙绍锋, 胡楠, 等. 中国废弃电器电子产品回收体系发展现状及建议研究[J]. 环境科学与管理, 2016, 41(10): 40-43.

[108] 张德元, 谢海燕. 中国二元市场体系下 EPR 制度构建路径分析[J]. 经济体制改革, 2018(04): 37-44.

[109] 中国家用电器研究院. 中国废弃电器电子产品回收处理及综合利用行业白皮书 2014 [R]. 北京: 中国家用电器研究院, 2015.5.

[110] 中国家用电器研究院. 中国废弃电器电子产品回收处理及综合利用行业白皮书 2017 [R]. 北京: 中国家用电器研究院, 2018.5.

[111] 中华人民共和国工业和信息化部节能与综合利用司. 工业产品绿色设计示范企业经验分享之三: 电器电子行业工业产品绿色设计实践经验[EB/OL]. http://www.miit.gov.cn/n1146285/n1146352/n3054355/n3057542/n5920352/c7590444/ content.html (2019-12-30) ［2020-01-30］.

[112] 孙绍锋, 刘雨浓, 张西华, 等. 建立废电器处置基金是推行生产者责任延伸制度的有效举措[J]. 环境与可持续发展, 2018, 43(01): 43-45.

[113] 于璇. 中国 EPR 探索加速, 回收仍是重中之重[J]. 电器, 2018(06): 32-33.

[114] 林昊. 生产者责任延伸制下报废汽车环保基金政策构建及政策驱动模型研究[D]. 武汉: 湖北工业大学, 2018.

[115] 陈余利. 基于生态设计视角的生产者延伸责任制度实施问题研究[D]. 福州: 福州大学, 2017.

[116] 刘海清, 钱庆荣, 肖良建, 等. 我国生产者责任延伸制度区域性实践及制度化进程初探——以福建省为例[J]. 再生资源与循环经济, 2018, 11(03):

24-27.

[117] 杨传明. EPR 下电子废旧品回收物流产业链模块化研究[J]. 科技管理研究，2011，31(01): 107-111.

[118] 黄慧婷，王涛，童昕. 基于 EPR 的手机逆向物流空间分析[J]. 北京大学学报(自然科学版)，2018，54(05): 1085-1094.

[119] 田海峰，孙广生. EPR 政策激励机制与有效性研究——产业链视角的分析[M]. 北京：经济科学出版社，2016.

[120] Palmer K, Sigman H, Walls M. The Cost of Reducing Municipal Solid Waste[J]. Journal of Environmental Economics and Management, 1997, 33.

[121] 韩若冰，胡继连. 环境押金制度在耐用品回收中的应用研究[J]. 山东农业大学学报（社会科学版），2012，14(01): 58-63.

[122] 田海峰，刘智艳，王凤萍，等. EPR 政策工具的激励原理与适用条件分析[J]. 生态经济，2013(12): 86-88, 166.

[123] 向东，段广洪，汪劲松，等. 基于产品系统的产品绿色度综合评价[J]. 计算机集成制造系统-CIMS，2001(08): 12-16.

[124] Zhang K.Design of Electronic Waste Recycling System in China[A].In: Operations Research Proceedings 2006 [C], Springer Verlag, 2006, 265-270.

[125] 王卫波. EPEAT 认证解析[J]. 认证技术，2013(11): 58-59.

[126] 田海峰，孙广生. EPR 政策激励机制与有效性研究——产业链视角的分析[M]. 北京：经济科学出版社，2016.

致谢

本书出版之际，回首几年以来的求学历程，心中感慨万千！一路走来，收获很多，懂得了科学研究不是好高骛远，而是求真务实。学会了在迷茫中坚持，在挫折中勇敢前行。此刻，我真挚地向我在中国社科院博士学习过程中帮助我、支持我、鼓励我的老师、同学、同事、亲人们表示感谢！

首先衷心地感谢我的导师李文军教授。李老师学识渊博，平易近人，做学严谨。感谢李老师对我学位论文从研究选题、思路架构，到内容修改，从模型分析到词句斟酌，整个论文撰写过程中给予的实质性的建议和指导！感谢李老师每次在我对研究的思路和方向感到困惑的时候给予的指正！感谢李老师在我求学过程中给予的鼓励和支持！

感谢社科院数量经济与技术经济系齐建国老师、李群老师、王宏伟老师、樊明太老师、张涛老师、李青老师、姜奇平老师、韩胜军老师、李金华老师、王蕊老师在我博士学习过程中和论文开题中给予的帮助和指导！感谢研究生院学位办领导和老师在资格认证过程中给予的支持和帮助！

感谢师兄贾宝先在我博士学习、考试与学位论文撰写过程中给予的帮助和支持！感谢李江宇同学、李巧明同学、王珺同学等在我学习过程中感到迷茫的时候给予的支持和帮助！

感谢衡水学院科研处的同事们，替我承担部分工作，默默支持我的学业！感谢我的爱人承担了大部分的家务，让我有精力安心学习；感谢我的儿子对我的理解和支持！

还要感谢本书参考文献的撰写者，你们先期的研究给予了我深入思考和探索的基础！

感谢各位评审专家于百忙之中审阅此文，烦请提出宝贵意见和建议！

最后再次感谢那些帮助过我的老师、同学、同事和家人，祝大家身体健康，天天开心！

作者

2021 年 9 月